イエローナイフのオーロラ（カナダ ノースウェスト準州）

世界でいちばん素敵な
時間の教室

The World's Most Wonderful Classroom of Time

はじめに

私たちは毎日時間を意識せずに生活することはできません。

朝何時までに学校に行かなければならない、何時何分発の電車に乗るために家を何時何分に出なければならないなど、それほどまでに時間は私たちにとって身近な存在です。

今ほどの分刻みのせわしさではないにしても、人類は何千年もの昔から暦や日時計を作り、時間を意識して生活してきました。

ところが、時間というものをそれだけ取り出して考えようとすると、これほど捉えどころのないものもないでしょう。時間の謎を理解しようという取り組みは、すでに古代ギリシャの自然哲学者によって行なわれていました。これまで多くの人が時間の謎に挑戦してきましたが、まだ私たちは完全な理解にはたどり着いていないようです。

本書では、美しい写真や図版を交えながら、時間の奥深い世界を体感していただければ幸いです。

原田知広

Contents
目次

1858年のスフィンクス（ギザ　エジプト）

現代のスフィンクス（ギザ／エジプト）

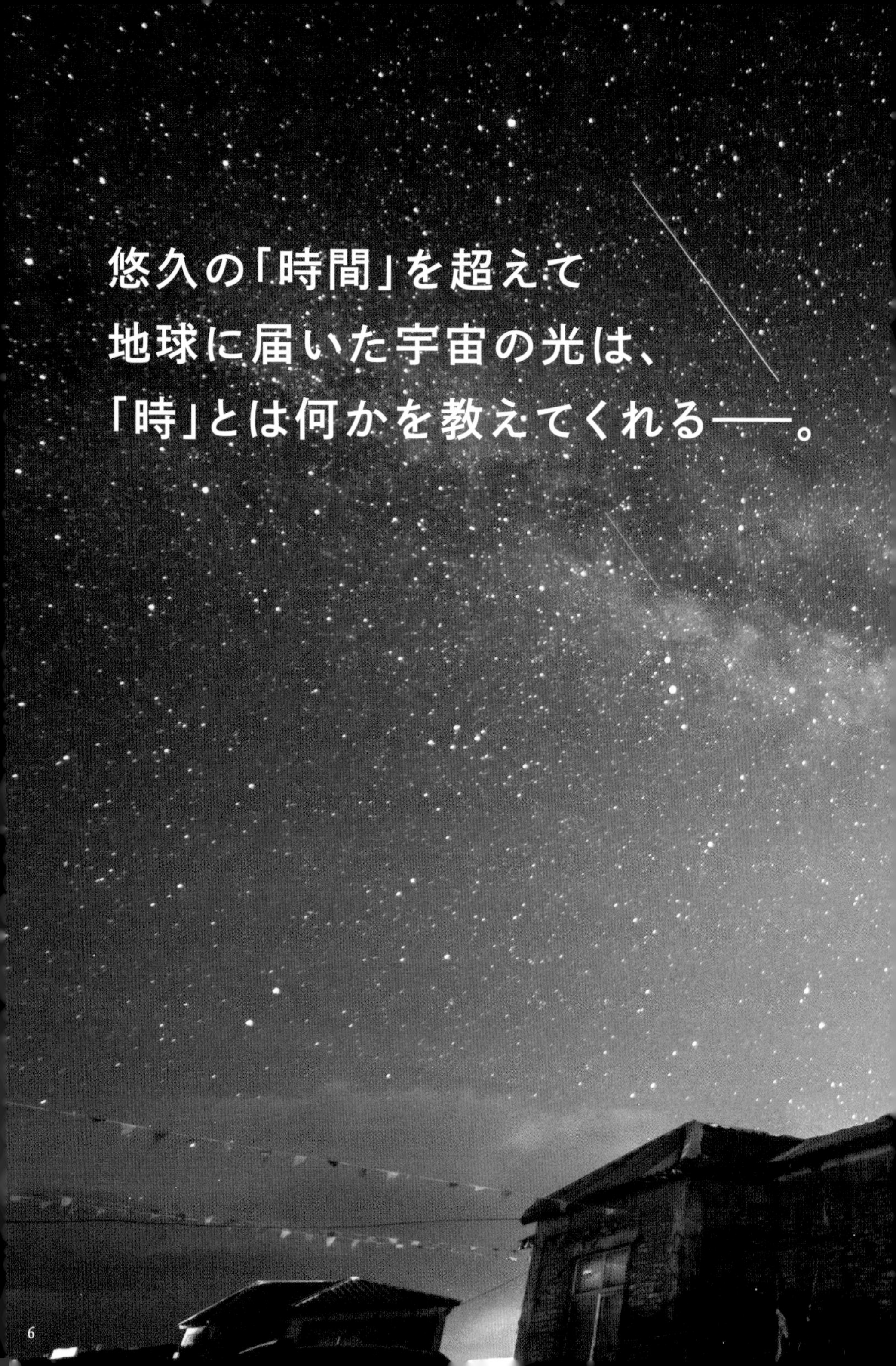

悠久の「時間」を超えて
地球に届いた宇宙の光は、
「時」とは何かを教えてくれる——。

青海湖の星空（中華人民共和国青海省）

Q
そもそも「時間」って何？

A
時のある一点から別の一点までの間を指す概念です。

ただし、時間の説明には、心理学・生物学・哲学・自然科学・物理学・宇宙論など、それぞれの分野の切り口があり、多くの定義や考え方があります。

「時」という言葉に、込められているさまざまな意味。

「時は金なり」「勝負は時の運」「挨拶は時の氏神」など、
「時」という言葉が使われていることわざはたくさんあります。
これらは単に「時間」のことを表しているだけでなく、
「タイミング」や「勝機」という意味で使われています。
「時」は、それほど大切なものだと昔から認識されてきたのです。

Q1 「時間」と「時刻」はどう違うの？

A 「時刻」は、時間の流れのある一瞬のことです。

一点から一点までの間を指す「時間」に対して、「時刻」はその瞬間だけを指す言葉です。時間は、どれくらい進んだか、いまから何時間前だったかなど、数字を足したり引いたりすることができますが、時刻は足し引きすることができません。

Q2 「時」という漢字の由来を教えて！

A 手足を動かして、日が進むイメージです。

手足を動かして働くことを表す「寺」と、太陽の「日」からなる「時」という漢字は、日が動くことを由来としています。

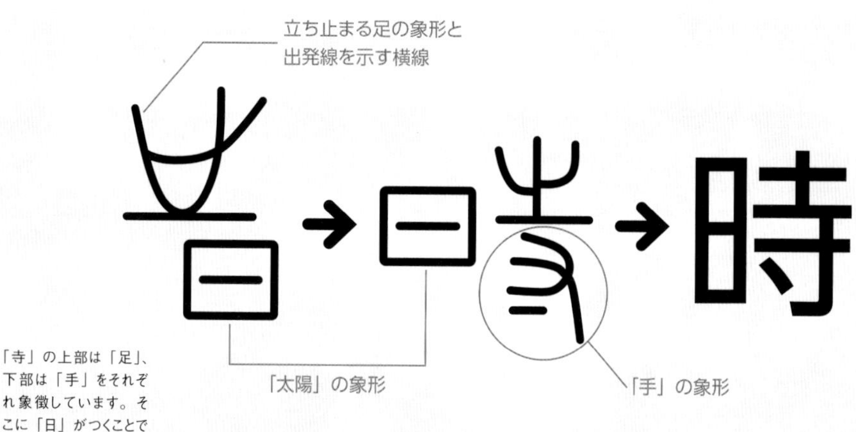

「寺」の上部は「足」、下部は「手」をそれぞれ象徴しています。そこに「日」がつくことで「時」になるのです。

Q3 「時は金なり」って、誰の言葉？

アメリカの政治家、物理学者、気象学者として数々の業績をあげたベンジャミン・フランクリンは、現在の100ドル紙幣に肖像が描かれています。

A ベンジャミン・フランクリンです。

アメリカ合衆国の建国の父、ベンジャミン・フランクリンの著書『若き証人への手紙』の中にある「Time is money」を日本語訳した言葉です。「時間はお金と同じくらい大切なもの」という意味で広く知られていますが、フランクリン自身は「時間はお金では買えない」という比喩的な意味ではなく、「怠惰な時間を過ごすとその分稼ぎが少なくなる」という直接的な意味で使ったとされています。

Q4 「時化（しけ）」には、なぜ「時」という字が使われているの？

A 海が荒れて不漁になることの当て字です。

「時化」とは、強い風によって海が荒れることを意味する言葉です。もともとは「湿気」を語源とする「湿気（しけ）る」が使われていましたが、海が荒れると魚が獲れずに不漁になって収入が減ることから、金回りが悪いことを指す「時化る」の字が当てられるようになったとされています。「客足が悪いこと」「商売がうまくいかないこと」といった意味でも使われます。

ポルトガル領アゾレス諸島のサン・ミゲル島。
灯台が建つ岸壁に打ち寄せる大波。

Q

プラハの天文時計台。1410年に旧市庁舎の建物に設置された直径約4mの時計。上部は地球の周囲を太陽と月が回るという天動説に基づき、年月日と時間を示しながら1年で1周します。（チェコ プラハ／写真：F1online/アフロ）

A 60が神聖な数字だったためです。

古代メソポタミア人が60を神聖な数字と考えていたため、時間の基準として60進法を用いるようになりました。

60進法が使われているのは、分割するのに便利だから。

時間には60進法が使われています。
フランス革命の頃に時間を10進法にしようとする動きもありましたが、
定着することはなく、いまも60進法のままです。

1 Q 1日の始まりは何時から？

A 日常生活では、午前0時からです。

「常用時」や「市民時」と呼ばれる日常生活で使われる時刻系では、真夜中の午前0時（正子／しょうし）から1日が始まります。2世紀頃の天文学では、お昼の正午0時を1日の始まりとする「天文時」が使われました。天体観測をするにあたって、夜中に日付が変わってしまうと不便だからです。天文時は航海するときの船舶時間にも使われていました。また、イスラムの世界では日没とともに1日が始まるなど、環境や文化によって異なる場合があります。

2 Q サマータイムって、具体的には何をするの？

A 1日を有効活用するため、夏に時計を1時間早めます。

ヨーロッパや北米の一部の国のほか、オーストラリアやニュージーランドなどでは、3月から11月頃に、時間を1時間早く進める「サマータイム」を導入しています。日照時間が長くなるこの時期に時間を早くすることで1日を有効活用できるとともに、太陽光の下で活動できるため節電や省エネにもつながります。

夏期のみ解放されるグランド・キャニオンのノースリム。アメリカでは、3月の第2日曜日の午前2時からサマータイムになり、最初の日は午前1:59の次に時計の針を1時間進めて午前3時にします。逆に、終了日の11月第1日曜日は午前1:59の次に時計の針を1時間戻して午前1時にします。

Q3 「うるう秒」って何？

A 地球の自転による時間のズレの調整に使われるものです。

1日の長さは、地球の自転をもとに決まっています。歴史的には1日を24等分したものが1時間、さらに1時間を3600等分したものが1秒なので、1日は86400秒となります。ところが、地球の動きは一定ではなく、厳密に定められた1秒の長さとはズレてきてしまいます。そのズレは2～3年で1秒程度ですが、数年に1回、「うるう秒」を挿入したり削除したりすることで、そのズレを調整しているのです。

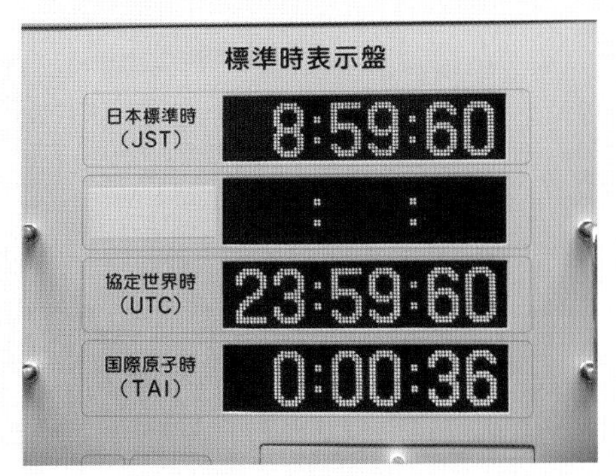

2017年1月1日、27回目のうるう秒調整が行われました。午前8時59分59秒と午前9時00分00秒の間に8時59分60秒が挿入され、その日は1秒分だけ長くなったのです。（提供：情報通信研究機構（NICT））

Q4 なぜ時間には、60進法が使われているの？

A 多くの数で割りきれるからです。

メソポタミア文明の担い手となったシュメール人が発明し、天文学的計算に用いられてきた60進法は、60ごとに位が上がる計算方法です。60という数字は、1から100までの数のなかでもっとも約数（割り切れる数）が多く、モノを分けるのに便利だという理由から使われてきました。その考えが受け継がれ、時間においても分割しやすい60進法が使われています。

メソポタミア文明の幕開けを担ったシュメール人によって築かれた、都市国家ウルのジッグラト。

Q 1日が24時間なのはなぜ?

A 昼と夜の長さをそれぞれ12等分したのが始まりです。

ナイル川を下るヨット。古代エジプト人は太陽神ラーが太陽の船に乗って天空を航海するサイクルを1日と捉えました。（エジプト）

かけがえのない一瞬が、積み重なって時間になる。

私たちの周りでは一瞬ともいえる時間が積み重なり、
過去から現在、そして未来へと時間が流れています。
普段はほとんど自覚することがない「一瞬」に意識を向けてみることで、
いままで見えなかったものが見えてくるかもしれません。

Q1 「一瞬」って、どれくらいの長さなの？

A 0.3秒程度です。

「一瞬」という言葉のなかの「瞬」という漢字は「瞬き（まばたき）」を意味します。実際には、一瞬の長さの定義はありませんが、1回の瞬きで目を閉じている平均的な時間が約0.3秒だといわれているので、「0.3秒が一瞬」といってもよいかもしれません。

ホホジロザメが獲物のオットセイを捕らえる瞬間。まさに一瞬で獲物を捕らえます。

Q2 モノを見て、それを脳が認識するまでに、どれくらいの時間がかかるの？

A 0.1秒ほどです。

何かを見て、目に入った光が視神経を通して脳に届いて初めて「見えた」と認識されるまで、約0.1秒かかるといわれています。同じように、聞いたり、触れたりしたときも、それを認識するまでには少しの時間がかかります。

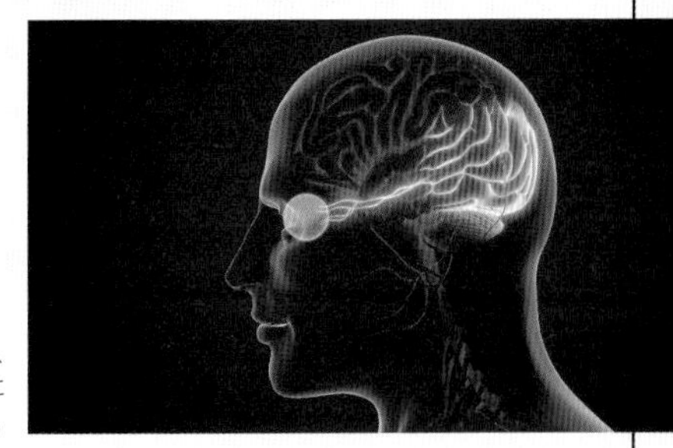

目に入ってきた光は、角膜、瞳孔、水晶体、硝子体、網膜と伝わり、網膜から視神経に達して電気信号に変換され、視神経を通じて脳に伝わって認識されます。

Q3 時間と脳の関係についてもっと教えて！

A 錯覚を利用した「知覚のタイムマシン」があります。

とある実験で、画面の右側を一回光らせた後、左側に「1」という数字を光らせ、その直後に「2」と光らせました。光った順番は「1→2」なのですが、先に右側の光を見た被験者はそちらに注意を引かれているため「2→1」という順番で見たと答えました。これは時間的な感覚が逆転する「知覚のタイムマシン」という現象です。

★COLUMN★

現在完了形――現在につながる過去のこと

日本人には理解しにくい英語表現に「現在完了形」があります。

「過去完了形」との違いもわかりにくいものですが、この違いを理解するポイントは、時間のどの地点から見ているかです。過去で起こったことが現在まで継続しているのが「現在完了形」、過去の時間のなかで継続して完了しているのが「過去完了形」となります。

<例文>
現在完了形：I have known her.
過去完了形：I had known her.

現在完了形では「いまも継続して彼女を知っている」という意味ですが、過去完了形では「一時期は知っていたけれど、いまは知らない」という意味になります。

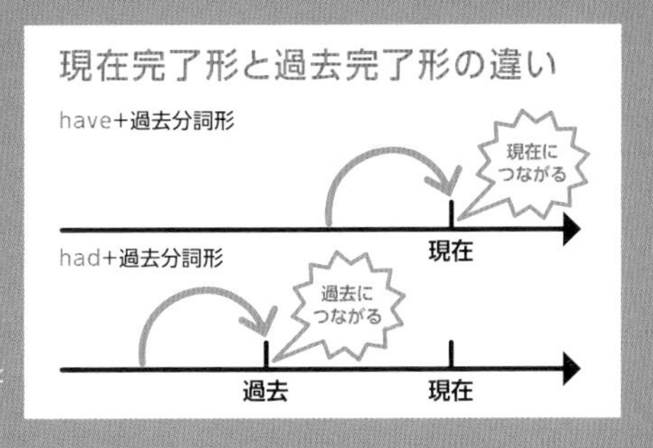

現在完了形と過去完了形の違いは、このように時系列にしてみるとよくわかります。

Q

1日は、
昔から24時間なの?

A

1億年前は23時間20分でした。

14億年前は18時間、5億年前は21時間で、現在も年間0.002秒ずつ長くなっています。

ノルウェーのヴェステルオーレン諸島で撮影された、白夜の太陽の移動。白夜では太陽が地平線の下に沈むことなく移動します。
(ノルウェー／写真:Blickwinkel／アフロ)

地球に季節があるのは、ほんの少しの傾きのおかげ。

地球は自転しながら1年間をかけて太陽の周りを公転します。
地球の自転軸は、少し傾いています。
その傾きがあるおかげで、地球には季節の変化が訪れるのです。

Q1 年間を通して、1日の長さは同じなの？

A 実は、日々変化しています。

もともとの1日の長さは、太陽が真南にくるとき（南中）から再び南中するまでと決められました（北半球の場合）。しかし、地球の公転軌道は完全な円ではなく、太陽に近いところと遠いところでは公転速度は異なります。そのため南中から南中までの時間は日によって異なり、つまり1日の長さも日によって違うことになるのです。

1年間、同じ時間に同じ位置から太陽を撮影して合成すると、8の字を描いたようになります。これを「アナレンマ」といいます。（写真：Alamy/アフロ）

Q2 自転の速度も、1日の長さに影響する？

A 影響します。

地球が回転する自転の速度が変わることでも1日の長さは変化します。1日の長さを決める地球の自転は、地球内部の地殻とマントルが回転することによって起こります。その速度は、反対の向きから強い風が吹いたり、月の引力の影響で潮の流れが変わったり（潮汐摩擦）、大きな地震が発生したりすることでも変わることがわかっています。自転速度が速くなれば1日は短くなり、遅くなれば長くなるのです。

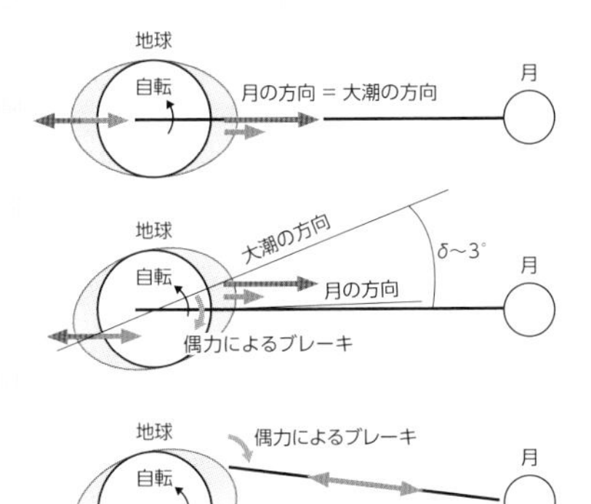
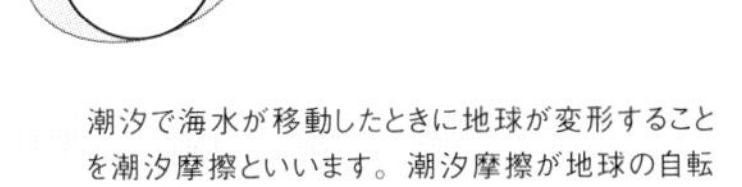

潮汐で海水が移動したときに地球が変形することを潮汐摩擦といいます。潮汐摩擦が地球の自転にブレーキをかけるので、自転速度は遅くなります。

地球の中心にある核の流れが、核の外側のマントルや地球表面の地殻と反対の動きをすることで、自転速度が変わることもあります。

Q3 季節が、自転軸の傾きのおかげってどういうこと？

A 公転することで、
傾きが太陽側になることもあれば、
逆になることもあるからです。

地球は1日1回自転しながら、1年で太陽の周りを公転します。地球が自転する軸は公転軌道に対して23.4°傾いています。この傾きが、季節が変わる理由です。北極点が太陽のほうに傾いて公転しているときは、北半球が夏になって南半球が冬になる、というように季節が移り変わっていきます。

北半球と南半球では季節が逆になるので、オーストラリアのクリスマスは真夏です。

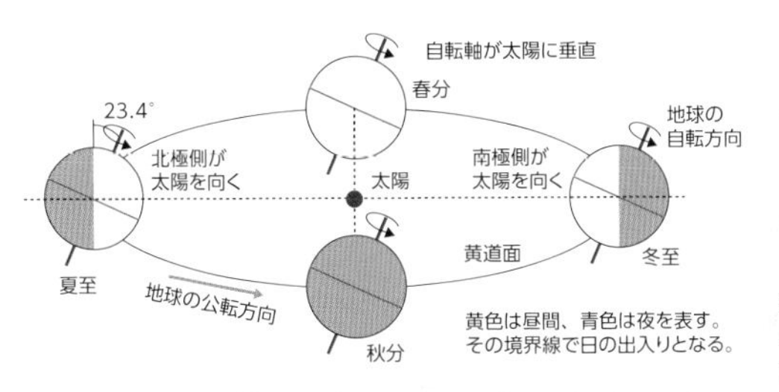

季節が変化するのは地球と太陽の距離が変化するからではなく、地球の自転軸が傾いているから。

Q 太陽暦と太陰暦はどう違うの？

旧約聖書では、創世記において神が太陽と月を創造する描写が見られます。
『太陽と月の創造（システィーナ礼拝堂天井画）』（ミケランジェロ・ブオナローティ／ヴァチカン）

A 太陽の運行を基準とするか、月の満ち欠けを基準とするかの違いです。

農耕を行うために、〝暦〟がどうしても必要でした。

人類が農耕を行うようになると、
種まきや収穫などの農作業に適した時期を見極めるために、
太陽や月、星の動きから暦が作られるようになりました。
国や時代によって採用された暦は異なりますが、
古代文明の時代から現代まで暦は使用され続けています。

Q1 現在使われている暦はいつから使われているの？

A 1582年からです。

現在、世界的に導入されている暦は、1582年にローマ教皇グレゴリウス13世によって導入された「グレゴリオ暦」と呼ばれる太陽暦です。グレゴリオ暦では1年の長さの平均値が365.2422日となり、西暦が4で割り切れる年を「うるう年」として調整します。

Q2 太陽暦と太陰暦以外にも暦はあるの？

A 太陰太陽暦や自然暦があります。

太陰太陽暦は太陰暦と同じように月の満ち欠けを1か月の基準としますが、太陽の動きも取り入れて月日を定めた暦で、日本の旧暦、ユダヤ暦、古代ギリシア暦などで使われました。そのほか、雪解けや花の開花、渡り鳥の飛来など、動植物の移り変わりを目安として作る自然暦という暦もあります。

山中湖の白鳥。「冬の使者」といわれている白鳥。（山梨県）

潤井川の桜並木。桜といえば春の訪れを告げる花です。（静岡県）

Q3 現存しているもっとも古い暦は？

A 太陽暦の起源である「シリウス暦（古代エジプト暦）」です。

紀元前3000年頃のエジプトでは毎年のようにナイル川が氾濫し、それによって肥沃な土壌ができて実りをもたらしていました。古代エジプトの人々は日の出直前にシリウスが輝いて見えると雨季が来ることに気づき、その日を新年の始まりとして、次にシリウスが見えるまでの365日を1年とする暦を作りました。

フィラエ島のイシス神殿と世界最長のナイル川。洪水や氾濫によって豊かな土地が生まれ、流域に高度な文明が形成されました。

おおいぬ座の恒星であるシリウス。地球から見える全天のなかでもっとも明るい星です。

Q4 現在の日本で使われている暦は、いつから使われているの？

A 明治時代からです。

日本では、朝鮮半島から伝わってきて604年に作られた暦が最初だとされています。当時から明治時代まで使われていたのは太陰太陽暦ですが、江戸時代から徐々に太陽暦の利便性が知られるようになり、明治５年（1872）に「改暦の布告」が出され、明治５年12月3日を明治6年1月1日として、現在と同じ太陽暦が採用されました。

★COLUMN★ 四季をそれぞれ6つに分けた二十四節気

二十四節気は季節の変化を表すもので、四季をさらに6つに分け、それぞれ立春、立夏、立秋、立冬という「四立」から始まります。

季節	二十四節気	日付	季節	二十四節気	日付
春	立春	2月4日頃	秋	立秋	8月8日頃
	雨水	2月19日頃		処暑	8月23日頃
	啓蟄	3月5日頃		白露	9月8日頃
	春分	3月21日頃		秋分	9月23日頃
	清明	4月5日頃		寒露	10月8日頃
	穀雨	4月20日頃		霜降	10月24日頃
夏	立夏	5月5日頃	冬	立冬	11月7日頃
	小満	5月21日頃		小雪	11月22日頃
	芒種	6月6日頃		大雪	12月7日頃
	夏至	6月21日頃		冬至	12月21日頃
	小暑	7月7日頃		小寒	1月5日頃
	大暑	7月23日頃		大寒	1月21日頃

Q 暦は誰が決めていたの？

A 中国では皇帝が、日本では朝廷が発表していました。

天命を受けて即位した中国の皇帝にとって、
暦は天命の象徴と考えられていました。

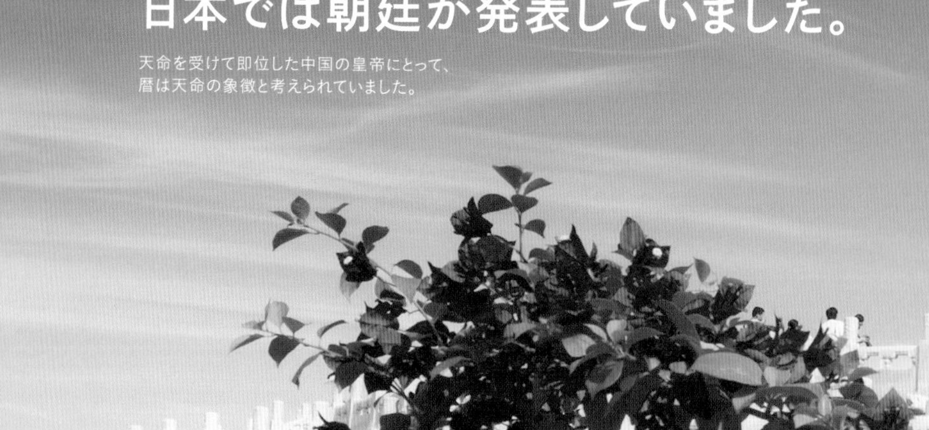

明の皇帝が天帝を祀る祭祀
を行った天壇の祈念殿。
(中国 北京／写真:HEMIS/
アフロ)

自らの力を示すために、権力者は改暦に取り組みました。

古代ローマのユリウス・カエサルから日本の将軍まで、
多くの権力者たちが暦を作ってきました。
正しい暦を作って普及させることは、
自らの権力を人々に示すことになり、
その世界を支配していることの象徴となったのです。

ユリウス暦を作ったローマの
英雄ユリウス・カエサルの像。

Q 暦はどんなときに改められたの？

A ズレが大きくなったときや、王朝が変わったときです。

それまでの暦から新しい暦に改めることを「改暦」といいます。古くは、政治や軍事で天才的な才能を発揮したユリウス・カエサルが、紀元前46年に太陽暦の「ユリウス暦」を作ってヨーロッパに広めました。1582年にローマ教皇グレゴリウス13世が「グレゴリオ暦」を作って広めたのは、キリスト教の権威を示すためでした。

1582年、それまでのユリウス暦からグレゴリオ暦に改暦したグレゴリウス13世。グレゴリオ暦は現在の日本でも採用されています。

ローマ教皇の在所であるサン・ピエトロ寺院。手前にそびえるオベリスクは、古代エジプトで日時計としても使われていました。

Q2 日本でも誰かが暦を作っていたの？

A 陰陽寮（おんみょうりょう）と呼ばれる役所で作られていました。

大化改新（645年）から奈良時代頃までの律令国家の時代は、天文学、占い、時刻などを司る陰陽寮と呼ばれる役所が暦を決めていました。陰陽寮のなかでも暦を作ることを専門とする者は暦博士と呼ばれていましたが、陰陽師自体を暦博士と呼ぶこともありました。呪術師として知られる安倍晴明を祖とする土御門（つちみかど）家は、平安時代以降、長年にわたって暦を作り続けました。

京都市の晴明神社の安倍晴明像。安倍晴明は陰陽、天文、暦博士の称号を持ち、陰陽寮の長官を務め、土御門家の祖となりました。

Q3 江戸時代に暦作りに尽力した将軍っている？

A 8代将軍の徳川吉宗です。

享保の改革で有名な徳川吉宗は、西洋科学や天文学に強い興味を示し、江戸城内の吹上御庭に天文台を作って自ら天体観測をするほどでした。西洋天文学を元にした改暦にも意欲的で、それまで禁止されていた外国書籍の輸入を解く禁書緩和令を出して『暦算全書』を輸入し、改暦に向けて土御門家と協議を重ねていきました。しかし、改暦を見ることなく死去し、宝暦暦（ほうりゃくれき）へと改暦されたのは、吉宗の死から4年後のことでした。

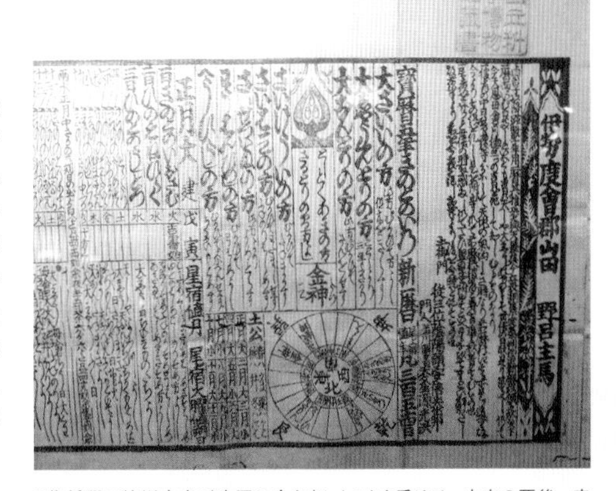

8代将軍の徳川吉宗が改暦の命を出したことを受けて、吉宗の死後、宝暦5年（1755）に改暦された「宝暦暦」。その後、寛政9年（1798）まで使用されました。

★COLUMN★

6月10日は「時の記念日」

『日本書紀』のなかに、671年6月10日に「漏刻」と呼ばれる水時計が鐘を打ったという記載があります。そこで、日本初の時計が時を告げた日を記念して、1920年に定められたのが「時の記念日」です。時の記念日は、時間に関心を持ってもらい、時間を守ることの大切さを伝えることを目的として制定されました。

世界の美しい時計台

ヨーロッパの古い街並みには、街の各所にランドマークとして親しまれてきた時計台が数多く残っています。

ビッグ・ベン
（ロンドン／イギリス）
ウェストミンスター宮殿（英国国会議事堂）の時計台。

グラーツ城時計台
（グラーツ／オーストリア）
グラーツ市街を見下ろすシュロスベルクに建つ時計塔。13世紀建設の要塞の一部で、1712年に時計が取り付けられました。

インスブルック時計台（インスブルック／オーストリア）

インスブルック旧市街の中心にそびえる14世紀中頃に建てられた火の見櫓を前身とする高さ57mの時計塔。

エディンバラ時計台（エディンバラ／イギリス）

プリンセスストリートに面したバルモラルホテルの時計台。もともとステーションホテルのノースブリティッシュホテルとして建設されたビクトリア朝様式の建築です。

ラージャバイ時計塔（ムンバイ／インド）

インド西部の都市ムンバイにある時計塔。1878年、イタリア風のネオゴシック様式で建造されました。高さは85mに達します。

Q

人類は、時計が発明される前、どうやって時間を計っていたの?

A

太陽光や水を利用していました。

記念碑の影の動きから時間を計る日時計、水を溜めた容器に穴をあけておいて水が漏れた量で時間を計る水時計があります。最古の日時計は、紀元前4000年頃のエジプトで作られたといわれています。

ルイス島の列石（スコットランド）。ヨーロッパに点在する列石群のひとつで、太陽信仰との関わりが指摘されています。（イギリス ルイス島）

古代文明の発展にともなって、より精密な時計が作られました。

古代エジプトや古代ギリシアなどの古代文明は、
太陽や月の動きを観測する高度な天体観測技術を持ち、
たとえば、地球の公転時間は約365.25日であると割り出しました。
最新の考古学調査では、紀元前8000年頃の
最古のカレンダーと考えられる遺跡も見つかっています。

Q1 1年の長さは、どうやって決められたの？

A 太陽や月の動きで決めました。

古代メソポタミアや古代エジプト、中国などでは、太陽や月の動き、川の氾濫から、1年を365日とする暦が作られていました。古代エジプトの人々は、地球が太陽の周りを1周するには約365.25日かかることを、天体観測から導き出しました。

エジプト・ナイル川沿いのコム・オンボ神殿跡の古代エジプト暦のカレンダー。

Q2 古代ギリシアでは、どんな暦を使っていたの？

A ポリス（都市国家）ごとに異なりました。

古代ギリシアは、アテネやスパルタをはじめとする1000を超えるポリス（都市国家）からなり、政治や哲学などを発展させて文明の礎を築きましたが、ポリス間の争いも絶えませんでした。全体としては太陰太陽暦が使われていましたが、暦の管理はポリスごとに行われており、年も月日もポリスによってバラバラでした。

Q3 マヤ文明で使われていたのは、どんな暦？

A 太陽暦に基づいて何種類もの暦が作られました。

4世紀から9世紀にかけて中米のユカタン半島の広い地域で栄えたマヤは、都市文明を作り出し、火星や金星の軌道まで計算するなど、高度な天体観測を行っていました。マヤで使われたマヤ暦はかなり正確な太陽暦ですが、1周期（1年）を365日とするもののほか、1周期を260日とするものなど、何種類かの暦がありました。

マヤ文明の後期に現在のメキシコ西部地域で栄えたテオティワカンのカレンダーストーン（暦石）。

チチェン・イツァにそびえるピラミッド「エル・カスティーヨ」。各面91段の階段があり、4面で364段、頂上の聖堂への1段を加えると365。つまり1年の日数に相当し、マヤ人の暦への精通ぶりがうかがえます。

★COLUMN★

約1万年前のカレンダーを発見

2004年、イギリス・スコットランドのウォーレンフィールド遺跡で、紀元前8000年頃の中石器時代に作られたと考えられるカレンダー（暦）が発掘されました。遺跡の地面に弧を描くようにして掘られた12個の穴が月の満ち欠けを表しており、太陰暦の1か月の長さを計測するのに使ったのではないかと考えられています。この遺跡がカレンダーであれば、世界最古の暦となります。

Q

計測できる最も短い時間ってどのくらい?

世界最速の車のひとつブガッティ・ヴェイロン。W型16気筒8Lクワッドターボエンジンを搭載し、最高速度は407km/hとされます。（写真：mrallen-stock.adobe.com）

A

0.000000000000000001秒です。

これを「アト秒」といいます。1アト秒は、光が1千万分の3mm進む時間。光がほとんど止まって見えるような短い時間です。

原子レベルの時間もあれば、宇宙規模の時間もある。

限りなく0に近い時間から永遠のような長い時間まで、
さまざまな手法を用いて時間の長さを計測します。
計測技術が進歩するに従って
より短い&より長い時間の計測が可能になっていきます。

Q1 現実に測定されたいちばん短い時間は？

A ゼプト秒（10垓分の1）単位の時間計測に成功しました。

2020年に科学雑誌『Science』に掲載された論文で、ドイツのゲーテ大学の研究チームがそれまででもっとも短いゼプト秒（10垓分の1）単位での時間の測定に成功したと発表しました。ゼプト秒とは10の－21乗。「0.」の後に「0」が20個並ぶ小数で、この研究では247ゼプト秒を測定したそうです。

Q2 ゼプト秒単位の時間は、どうやって測定されたの？

A 光子が水素分子を通り抜ける時間を計測しました。

水素分子（H_2）を構成するふたつの水素原子（H）からそれぞれ放出される電子の時間的ズレを計測しました。研究グループは、周長2.3kmの放射光施設（PETRA Ⅲ）で超短波のX線を照射して、ひとつの光子（光の粒子）が水素分子を通り抜ける様子から光子が分子を横切る時間を観測しました。この時間的ズレが、247ゼプト秒だったのです。

分子のふるまいを観測するための粒子加速器「シンクロトロン」。

Q3 では、測定できるいちばん長い時間は？

A 約138億年だといえるかもしれません。

いまから138億年前、ビッグバンと呼ばれる爆発的膨張により宇宙が誕生しました。ビッグバン直後の宇宙は超高温・超高密度でしたが、宇宙の膨張とともに低温・低密度になり、ビッグバンから38万年後に霧が晴れるような「宇宙の晴れ上がり」という現象によって、初めて光がまっすぐに進めるようになりました。重力波望遠鏡を使うことで、これ以前の宇宙の様子を観察できるのではないかと期待されています。つまり、138億年前の光が、いまの地球から見えるかもしれないのです。

NASAが打ち上げたWMAP衛星が捉えた初期宇宙の全天画像（宇宙マイクロ波背景放射）。

Q4 人間が目で見て反応できる最短時間はどれくらい？

A 1000分の8秒の変化を認識できたという研究があります。

高速モニターに映し出したゲーム画面を使って、人間の反射神経を調べる実験をしたところ、1000分の8秒（8mm秒）で画像の変化を認識できることがわかりました。ただし、1000分の8秒で反応できるのは一般的に使われているモニターより4倍も速い高速モニターを使っているからで、この実験により、人間の反応速度はモニターの性能（画像表示の速さ）に影響されることが証明されました。

スポーツでは、打ち出されるバドミントンの羽が意外な高速を記録しています。マレーシアのタン・ブンホン選手のスマッシュは時速493kmに達しました。（写真：AP／アフロ）

Q

世界で最初に新しい日を迎えるのはどこ?

A

キリバス共和国のライン諸島です。

太平洋中部にあり、33の島からなるキリバスは島によって日付が異なっていましたが、1995年に日付変更線を国の東端に移動して国内で日付を統一し、世界で最初に新しい日を迎える国になりました。

世界でもっとも早く1日を迎えるキリバス共和国のクリスマス島。

地球は丸くて自転しているから、土地によって時刻が異なります。

ある土地が朝を迎えるときに、
ある土地では夜になろうとしています。
そのような時間の違いが「時差」です。
イギリスのグリニッジ天文台を基準として、
経度によって24の時刻帯が設定されています。

Q1 世界で最も遅く1日を迎えるのはどこ？

A アメリカ領サモアです。

アメリカ領サモアは、国際日付変更線より東側に位置していて、キリバスとの時差は23時間。キリバスが月曜日の午前7時を迎えたときにアメリカ領サモアでは日曜日午前８時と、ほぼ1日遅く１日を迎えます。

アメリカ領サモアは世界でもっとも早く1日を迎えるキリバスと隣接していて、ほぼ同じ経線上にあります。

Q2 子午線（しごせん）は何を示しているの？

A 北（子（ね）の方角）と南（午（うま）の方角）を結ぶ経線を示しています。

赤道に対して直角に交わり南極と北極を結ぶ大円である子午線は、赤道のような明確な基準がなく、観測地点によって異なります。しかし、世界地図の作成や時刻の統一基準となるラインが必要との考えから、1884年の国際子午線会議においてイギリスのグリニッジ天文台を通過するグリニッジ子午線が、基準となる本初子午線に採用されました。

本初子午線が通るイギリスのグリニッジ天文台。

Q3 時差が生まれたのはどうして？

A 高速で広範囲を移動できるようになったからです。

時間は太陽の軌道を基準に設定されているため、土地によって時刻は異なります。限られた地域のなかだけで生活しているうちはそれでも不自由はありませんでしたが、19世紀に鉄道が作られ、人々が高速で広範囲を移動できるようになると、地域ごとの時間の差の影響を受けるようになりました。鉄道の運行管理のためにも正確な時間が必要であることから、ロンドンのグリニッジ標準時を基準として地域共通の時間を設定。その考えを地球全体に広げ、地域ごとの標準時を設定した結果、生じたのが時差です。

★COLUMN★

24個の時刻帯

24分割された世界の時間帯。

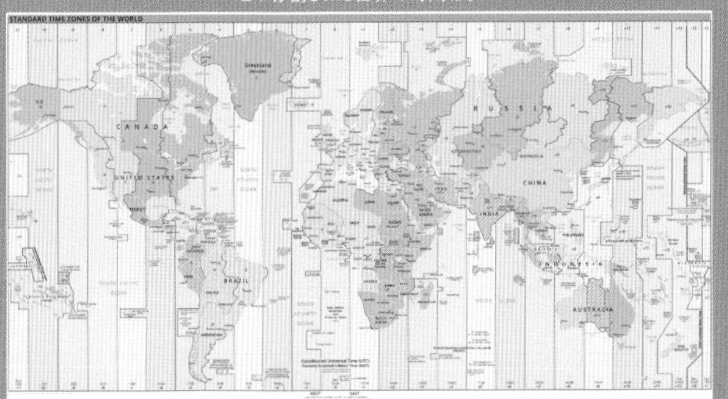

地球全体の時刻帯は、ロンドンのグリニッジ子午線を0として、地球一周360度を24時間で割った経度15度ごとで設定されています。

しかし、時刻帯の境界線はまっすぐ引かれているわけではなく、地理的、政治的な理由などからかなり入り組んでいます。経度で見れば5つの時刻帯にある中国では、中国全土で統一した時刻を採用しています。

ロマン主義の画家ウィリアム・ブレイクの『日に老いたる者』。手をコンパスにして地上を創ろうとしている神が描かれています。（ロンドン／大英博物館）

Q
時間に始まりはあるの？

後期フランドル派の画家ヒエロニムス・ボスの祭壇画『快楽の園』のパネルを閉じた部分に描かれた、『天地創造』。神による創造3日目の姿とみられ、大地・海・植物が創造されたところです。すでに時間は始まり、時を刻んでいたことになります。（スペイン マドリード／プラド美術館所蔵）

A

宇宙の誕生とともに生まれたと考えられています。

「時間」を知ることは、「宇宙」の謎を解き明かすこと。

時計が発明される前の古代文明の頃から、
世界中の科学者や哲学者たちは、
「時間とは何か?」という難問に挑んできました。
そして、時間の本質を見つけ出そうとすることは、
「宇宙の誕生」というさらに大きな謎に迫ることにもなるのです。

Q1 古代の人は、時間をどう捉えていたの?

A 時間は周期的に繰り返すと考えられていました。

六道輪廻を描いたチベット仏教の仏画（ブータン）。命あるものは輪廻世界で繰り返し転生しますが、円環は恐ろしい形相の死に支配されています。

古代エジプトや古代ギリシア、マヤなどの古代文明では、世界は創造から破滅までを周期的に繰り返すもので、時間も同じ道を繰り返して永遠に続いていくと考えられていました。仏教やヒンドゥー教などの輪廻転生という考え方も同様です。その後、11世紀から12世紀の頃にキリスト教が広まっていくなかで、時間は閉じた輪であるという古代文明の考え方から、過去から未来へという直線的なものであるという考え方に移行していきました。

Q2 宇宙の始まりと時間の関係をもっと教えて！

A 宇宙誕生からビッグバンまでは、10のマイナス36乗秒ほどでした。

宇宙は超高温・超高密度の火の玉である「ビッグバン」によって誕生したと考えられていますが、「インフレーション理論」ではビッグバンが起きる前の宇宙の始まりの瞬間を説明しています。インフレーション理論によると、宇宙誕生の瞬間、10のマイナス36乗秒後から10のマイナス34乗秒という極めて短い時間に、極小だった宇宙が急膨張してビッグバンの火の玉になりました。その瞬間をたとえると、シャンパンの泡のひと粒が太陽系以上の大きさになるほど急速な膨張です。そのとき宇宙と時間が始まったと考えられています。

宇宙の誕生は138億年前。ビッグバンによって始まったとされます。

Q3 古代ギリシアの哲学者は、時間をどのように考えたの？

A アリストテレスは「時間は運動の前後における数」だといいました。

プラトン（左）とアリストテレス（右）。

古代ギリシアの哲学者プラトンは、宇宙と同時に時間が作られ、時間は数に即して円運動をすると考えていました。惑星の動きが、時間を進めているという考え方です。しかし、プラトンの弟子であるアリストテレスの考えは異なり、「時間は運動の前後における数である」として、運動や物事の変化があってはじめて時間が認識できるようになると考えていました。

Q4 では、科学者は時間をどう考えたの？

A ライプニッツは「関係説」を説きました。

アインシュタイン以前に時間の概念を考えた科学者といえば、「絶対時間」という時間の概念を唱えたニュートンが有名です。ニュートンと同世代のライプニッツは、「時間は、複数の物事の順序関係に過ぎない」として、ニュートンの説には否定的でした。

Q「絶対時間」について、教えて！

A どんな人にとっても、何ものにも影響されず、均一に流れる時間のことです。

ニュートンが提唱した概念で、「絶対時間」とともに「絶対空間」という空間の概念も提唱しています。

カッパドキアと階段。絶対時間のように、均一な幅で利用する人を上下階へ導いていきます。(トルコ)

時間の謎に挑んだ、物理学者たちがいました。

「時間とは何か?」という大きな謎に、
ニュートンをはじめとする多くの物理学者たちが挑み、
さまざまな考え方が提唱されてきました。
その後の考え方によって否定されたものもありますが、
いまや常識とされている物理法則の多くもここから生まれました。

Q1 ニュートンって、どんな人だったの?

A 3つの運動の法則を発見したことで知られています。

イギリスの科学者アイザック・ニュートン(1643〜1727年)は、ニュートン力学の確立や微積分法を発見したことで知られています。研究成果をまとめた『プリンキピア(自然哲学の数学的諸原理)』という著書では、「慣性の法則」「運動方程式」「作用反作用の法則」からなる「運動の3法則」と「万有引力の法則」について数式を用いて説明し、物理学の基本ともいえる古典力学(ニュートン力学)を確立しました。

ニュートンが学んだケンブリッジ大学のトリニティカレッジ。

Q2 ニュートンが提唱した「絶対空間」についても教えて！

A 「何にも影響されず、常に静止している空間」のことです。

ニュートンが「絶対時間」とともに提唱した「絶対空間」は、「何にも影響されず、常に静止している空間」のことで、どんな人にとっても空間内の長さは変わらない不変不動の空間だとしています。ニュートンの「絶対時間」と「絶対空間」は、時間の進み方と空間内の長さは常に一定であるという考え方です。

Q3 時間の謎に挑んだ物理学者はほかにもいる？

A ガリレオやライプニッツなども、謎に挑みました。

ガリレオ・ガリレイ（1564～1642年）は、天文学者や数学者としても多くの業績をあげ、「近代科学の父」と呼ばれています。時間に関しては、正確に時を刻む時計の原点となる「振り子の等時性」を発見しました。その後、アイザック・ニュートンがニュートン力学の基礎となる絶対時間を説きます。その後、ニュートンとほぼ同時期に微積分を発明したゴットフリート・ライプニッツ（1646～1716年）、統計力学を作り出したルードヴィッヒ・ボルツマン（1844～1906年）など、多くの物理学者たちが時間の謎に挑み続け、アルベルト・アインシュタイン（1879～1955年）が相対性理論を提唱しました。

ガリレオ・ガリレイ（1564～1642年）

ゴットフリート・ヴィルヘルム・ライプニッツ（1646～1716年）

★COLUMN★

万有引力の法則

「あらゆる物質は、その質量に応じた万有引力によって引き合う」という概念で、落下するリンゴは万有引力で地球に引き寄せられると同時に、地球もリンゴに引っ張られているという考えです。ニュートンはリンゴが木から落ちるのを見て重力を発見したと勘違いされがちです。しかし実際には、リンゴを見て「リンゴは地球に向かって落ちるのに、なぜ月は落ちてこないのか」と着想し、月の公転により軌道が維持できていることを発見しました。

Q その後、絶対時間という考えはどうなったの?

A 光の性質に
矛盾するため、
否定されてしまいます。

神秘的な陽光が仏像を照らすカオルアン洞窟。光は常に一定であるという性質を持ちます。(タイ カオルアン)

絶対なのは光だけ、時間も空間も伸び縮みします。

ニュートンは、宇宙のどこにいても均一に流れる「絶対時間」、
宇宙のどこにあっても常に静止している「絶対空間」を提唱しましたが、
アインシュタインが「光速度不変の原理」を唱えると、
ニュートンのこれらの説は否定されることになりました。
アインシュタインの説では、時間も空間も一定のものではないからです。

Q1 同じ向きに自動車が時速40kmで、自転車が時速20kmで走っているとき自転車から見たら自動車はどんな速度に見えるの？

A 時速20kmで走っているように見えます。

通常、速度を計測するときは静止した地点で運動しているものを観測しますが、運動しているものから運動しているものを観測した場合を「相対速度」といいます。自転車の速度（V1）と自動車の速度（V2）の場合、自転車から見た相対速度は「V2－V1」となるので、この例では時速20kmとなるのです。

自転車と自動車が走る道路。

Q2 光を光速の90％の速さで追いかけたら相対速度はどうなるの？

A どの速度から見ても光の速さは変わりません。

自転車と自動車の例から考えれば、光の速さの90％を引いた分だけ光は遅く見えるはずですが、アインシュタインは、光の速さは一定の値（定数）であり、足したり引いたりできないとする「光速度不変の原理」を提唱しました。これによると、どんなに光の速度に近い速さで追いかけても光は止まって見えることはありません。

太陽の光あふれるベルヒステスガーデン国立公園のヒンター湖。(ドイツ)

Q3 「時間や空間が相対的」って、どういうこと?

A 「光の速さ」だけが絶対で、時間も空間も相対的なものだとする考え方です。

アインシュタインが提唱した特殊相対性理論では、「光速」だけが常に一定の絶対的なもので、時間や空間は相対的なものだと説きます。観測者によって長くなったり短くなったりする「相対時間」、長くなったり短くなったりする「相対空間」を結びつけて「時空」という概念ができました。

★COLUMN★

速さの足し算はできない

光の半分の速さの乗り物から光の半分の速さで弾丸を打ち出したとき、地上で静止している人から見た弾丸の速さはどうなるでしょうか。もしもニュートンのいう絶対時間が通用する世界なら、光速の50%と光速の50%を足すので、光速(100%)で見えるはずです。しかし、アインシュタインの説では光の速さに近づくほど単なる足し算より遅くなるので、この弾丸は光速のおよそ80%の速さになるのです。

落下したリンゴから万有引力を発見したニュートン。

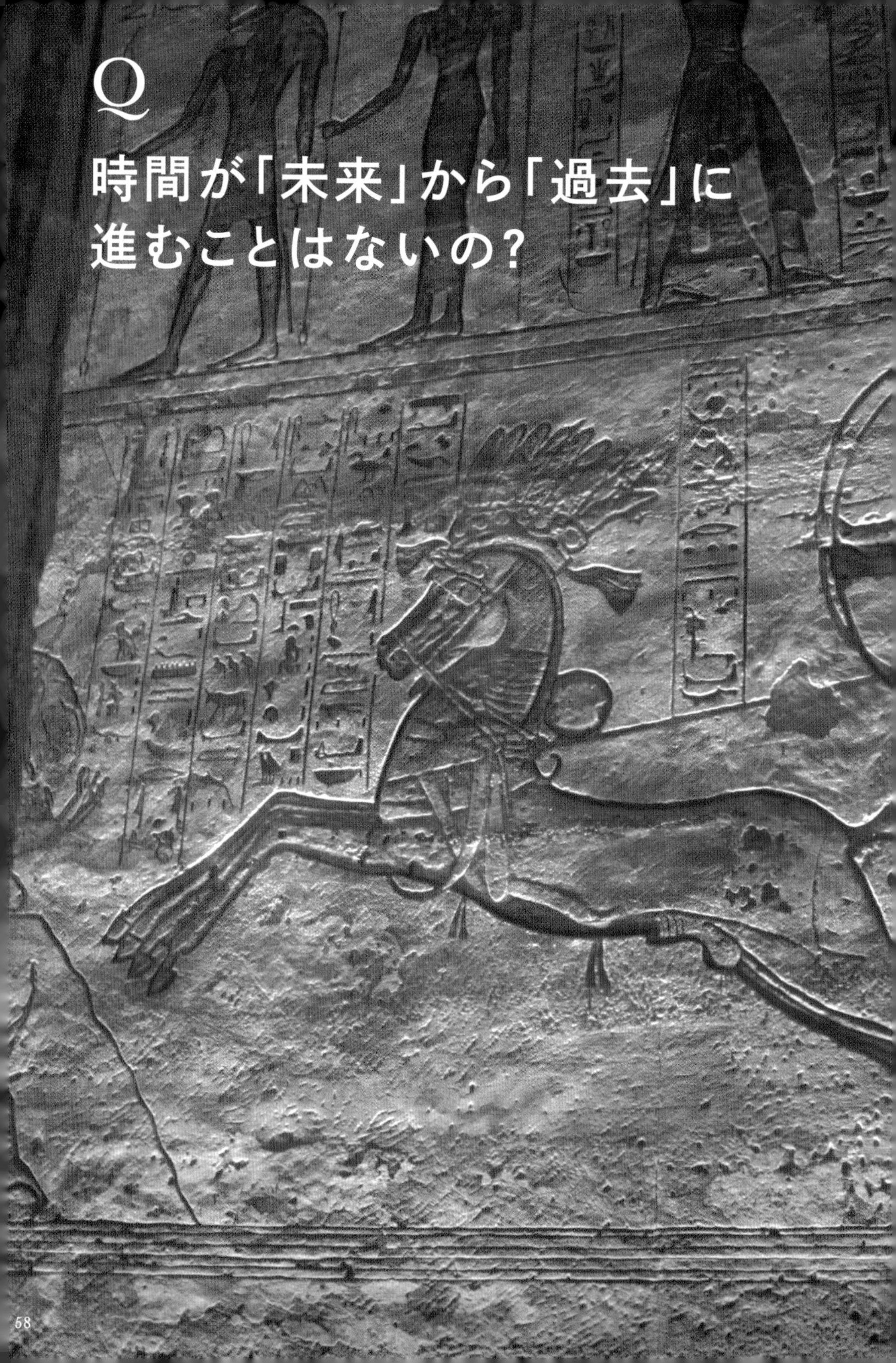

Q
時間が「未来」から「過去」に進むことはないの？

A

ありません。

たとえば、ロウソクが時間とともに溶けていくのを見て、時間は巻き戻せないものだとわかります。このように時間には「時間の矢」と呼ばれる一方向性があります。

アブ=シンベル大神殿の壁画。カデシュの戦いにおける戦車戦で弓を構えるラメセス2世が描かれています。（エジプト／写真:akg-images/アフロ）

時間は一方向に進む矢、決して逆方向には進まない。

白いカーペットに赤ワインをこぼしてしまったら、
カーペットは赤く染まっていき、
何もすることなしにカーペットが白くなることはありません。
それと同じことが「時間」についても当てはまり、
時間は、過去から現在を経て未来へ、一方向に進むと考えられています。

時間の矢は一方向にしか進まない。

Future

Past

Q1 「時間の矢」を、わかりやすく理解する方法ってある？

A コーヒーとミルクで考えてみましょう。

コーヒーにミルクを入れてかき混ぜると、ミルクの層とコーヒーの層が少しずつ混ざり合い、最終的に完全に混ざり合った一色になります。一度混ぜてしまうと、コーヒーとミルクが自然に分離することはありません。この状況と同じように、時間的に戻れない状況にあることを「不可逆過程」といいます。

入れたばかりのコーヒーとミルクはそれぞれ偏って存在していますが、徐々に全体に拡散されていきます。

Q2 コーヒーとミルクのほかに、「時間の矢」を理解する方法はある？

A ガラスのコップを落として割ったケースを考えてみましょう。

私たちは、日常的にさまざまな「不可逆過程」を見ています。たとえば、落として割れたコップは元に戻りませんし、投げたボールが落下地点で止まってそこから動いて戻ってくることはありません。こうした「不可逆過程」を日頃から見ている私たちは、時間というものは過去から未来へと一方向に進む「不可逆過程」にあると感じています。

波の時間の矢。石が投げ込まれたときにできる波紋は、中心から外側に広がっていくと、その後拡散して消えてしまいます。その向きが逆になることはありません。

Q3 物理学では「時間の矢」を、どう理解しているの？

A 物理学的には、まだ明らかになっていません。

ニュートンやアインシュタインが考えた時間の理論では、時間に向きはありません。それでも、過去から未来へ、一定方向に進んでいくのはなぜか、多くの物理学者たちによるさまざまな観点からの議論が続いています。

★COLUMN★

「時間の矢」の名付け親

イギリスの天体物理学者のアーサー・エディントン（1882～1944年）が、著作『自然界の本質』のなかで時間の一方向性のことを「時間の矢（time's arrow）」と名付けました。エディントンは、皆既日食の日に太陽近くに見える恒星を撮影し、太陽の近くでは重力の影響で光線が曲げられることを観測して、相対性理論が正しいことを証明した人物としても知られます。

エディントンが重力の秘密を解明した皆既日食。

Q

クオーリーベイ（香港）の高層マンション。人口密集地である香港ならではの均質密度の高層建築です。
（香港）

時間の経過とともに、増大していくものがある。

熱湯に氷を入れて放置しておくとぬるま湯になるように、
偏在した状態が均一した状態になり、
秩序があったものが混沌になっていく——。
それが「エントロピー増大の法則」です。

Q1 「物質の密度や温度が均質になる」って、どういうこと？

混ざっていない状態から、混じり合った状態になることです。

物質のなかに、濃い部分と薄い部分があったり、温かい部分と冷たい部分があったりしても、時間とともに自然と混じり合っていきます。ウィーンの物理学者・哲学者であるルードヴィッヒ・ボルツマン（1844～1906年）は、「実現される可能性が低い状態を最初に用意すれば、時間の経過とともに実現確率が高い状態に落ち着く」とし、これを「エントロピー増大の法則」と呼びました。

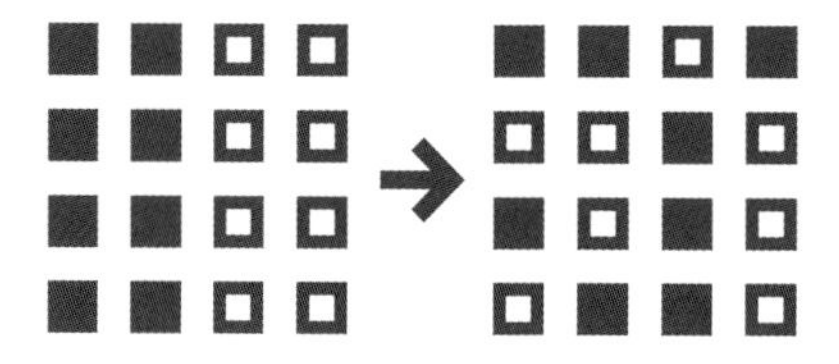

整然とした状態（実現される可能性が低い状態）は、時間が経過すると、雑然とした状態（実現確率が高い状態）に落ち着きます。

Q2 そもそも「エントロピー」って何？

A 散らばり具合を数値に置き換えたものです。

統計力学や熱力学、数学の研究で数々の功績をあげたルードヴィッヒ・ボルツマンが、エントロピーを表す式「S=klogW」を提案しました。まだ原子の存在が証明されていなかった時代に、原子の存在を信じていたボルツマンは、分子や原子という粒子の配置が、整った状態から混ざり合って散らばった状態に移行すると説いたのです。それがエントロピーの増大です。

Q3 エントロピーの増大を、日常で実感することはできる？

A お湯と氷の入ったコップを断熱された容器に入れて放置してみましょう。

外から熱が加わらないようにしてお湯と氷を容器に入れておくと、はじめのうちはお湯と氷が別々に存在しています。これはエントロピーが「低い」状態です。それでも時間が経つと、氷が溶けてお湯と混じり合い、ぬるま湯になります。これがエントロピーの「高い」状態です。氷とお湯はぬるま湯にはなりますが、その逆はありえないので、ここに「時間の矢」が存在しています。

雪に覆われた温泉。

Q4 逆に時間の経過とともに整頓されるものはないの？

A 部分的にはエントロピーを減少させるものはあります。

アミノ酸の組み合わせによりたんぱく質がつくられ、複雑な機能を維持し、次世代に受け継ぐことができる生命は、あたかもエントロピーを減少させているように見えます。たとえるなら、バラバラのブロックで何かを作り上げていくようなものです。このように外界からの影響を受ける環境ではエントロピーが減少することはありますが、このような場合でも外界のエントロピーは必ずそれ以上に増大しており、外界も含めた世界全体はエントロピー増大の法則に則っています。

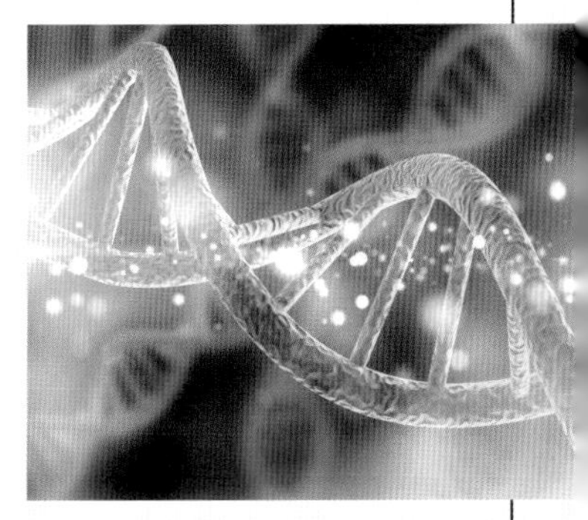
4種類の塩基からなるDNAという設計図に基づいてたんぱく質が合成され、複雑な生命体が形づくられます。

時間を司る神々

時間の概念は古代文明の時代から存在し、時や運命を司る神々が時間の象徴として信仰されていました。

クロノス

ギリシア神話に登場する「時」を神格化した神。ティタン神族のクロノスとは別神格とされます。
ピエール・ミニャール
『クピドの羽を切るクロノス』

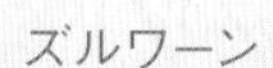

ゾロアスター教の一派ズルワーン教に伝えられる創造神で、その名が「時間」を意味します。

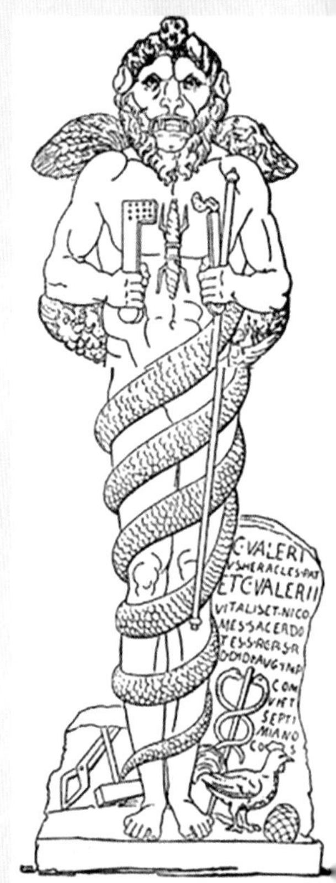

モイライ

ギリシア神話に登場する運命の女神。「運命の糸」を紡ぐクロートー、糸の長さを計るラケシス、糸を断ち切るアトロポスの三姉妹とされます。
ポール・トゥマン
『運命の三女神』

ノルン

北欧神話の運命の女神。一般に長女ウルズ、次女ヴェルザンディ、三女スクルドという巨人族の三姉妹とされます。
ヨハン・ルートヴィッヒ・ルンド『ノルン』

アヌンナキ

人間の運命を司る、古代バビロニアの神々。

Q

地上とジェット機内では、時間の進み方が違うって本当?

ビルの間から見上げた空を飛ぶ飛行機。

A
本当です（ほんの少しですが……）。

アインシュタインは、特殊相対性理論で「運動の速度が光に近づくほど時間の進み方が遅くなる」と説きました。

「光速度不変」から生まれた、「特殊相対性理論」。

ニュートンが唱えた「絶対時間」「絶対空間」に対して、
アインシュタインが提唱した「特殊相対性理論」では、
時間や空間は伸び縮みするとしています。
光速に近づけば近づくほど、見え方にも明らかな違いが出てくるといいます。

Q1 時間や空間が伸び縮みするって、どういうこと？

A 観測者の速度によって、時間の進み方や空間の長さが異なるということです。

特殊相対性理論では、どこからどんな速度で見ている人にとっても、光速だけが絶対的なもので、時間や空間は光速に対して相対的なものになります。そのため、物体の運動速度が光速に近づくほど時間はゆっくり進み、物体の長さは短くなります。たとえば、光速の60%の速さで進む宇宙船の場合、宇宙船の外で停止している人の時計が10秒経過する間に、宇宙船のなかの時計は8秒しか進んでおらず、宇宙船の長さも20%だけ短くなります。

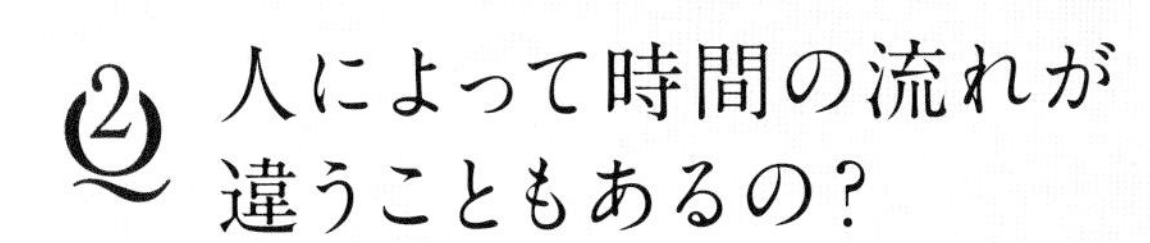

Q2 人によって時間の流れが違うこともあるの？

A 観測者によって「同時」が同時に見えなくなります。

空間的に離れたふたつの地点で起こったイベントが、ある観測者Aにとって、同時だったとします。しかし、アインシュタインによれば、同時性は観測者によって異なります。Aに対して運動している観測者Bにとっては、これらふたつのイベントは、同時には起こらず、時間差が生じるのです。

Q3 時間の進み方の違いを実感することはできる？

A 光速に近いスピードで移動できる乗り物があれば実感できます。

特殊相対性理論では、光速に近い速度で運動していると時間の進み方が遅くなります。もしも光速の60％程度のスピードで走る電車に乗ることができれば、時計は、地上で静止している人より20％ほど遅れます。その間、地上で静止している人の時計と比較し続ければ、時間の遅れを自覚することができます。

疾走するトラム。「流し撮り」という撮影法によって疾走感が演出されます。

★COLUMN★

アインシュタインの功績

ドイツ生まれの理論物理学者であるアルベルト・アインシュタイン（1879～1955年）は、1905年に特殊相対性理論、1916年に一般相対性理論を発表し、「20世紀最高の物理学者」といわれています。相対性理論のほかにも、光量子仮説、ブラウン運動などに関する重要な論文を多数発表しし、1921年にノーベル物理学賞を受賞しました。

アルベルト・アインシュタイン

Q

地上でいちばん時間の流れ方が速い場所ってどこ？

A

エベレストの頂上です。

特殊相対性理論の10年後、アインシュタインは「重力が強い場所ほど時間の進み方が遅くなる」とする一般相対性理論を完成させました。そのため、重力がより大きくかかる地方から離れる高所ほど、時間の進みが早くなります。

南チロルのドロミテ。高山の山頂は過酷な環境であると同時に、下界に比べて時間が短くなる不思議な場所です。そのため、重力がより弱くなる高所ほど、時間の進みが早くなります。
（イタリア）

重力は時空のゆがみから生じ、時間の進み方も変えます。

アインシュタインは特殊相対性理論で、
時間と空間は伸び縮みすると説きました。
その10年後に作られた一般相対性理論では、
質量の大きな天体周辺では光が曲がることを予言しました。

Q1 「時空のゆがみ」ってどんなもの？

A 重力を引き起こすものです。

時空とは、時間と空間を合わせた物理学の言葉です。アインシュタインは一般相対性理論のなかで「重力とは、時空のゆがみが引き起こす現象」だと説明しました。たとえるならば、時空とはゴム製のシートのようなもので、質量があるとシートが曲がります。この曲がりが時空のゆがみです。

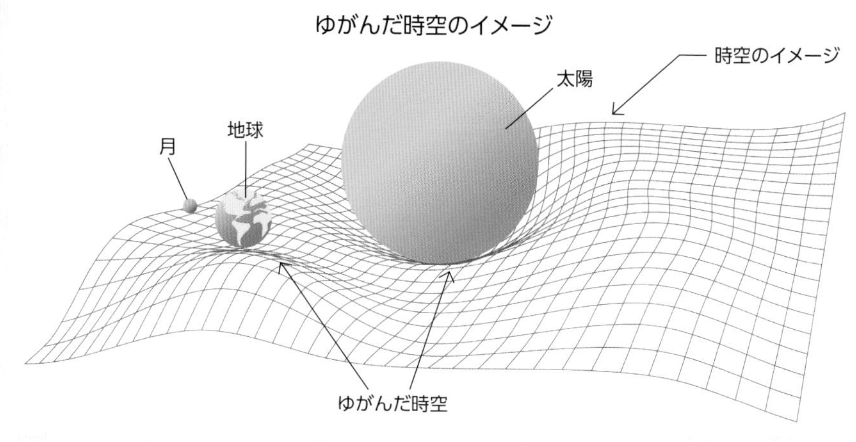

時空のゆがみは、質量が多いものほど大きく表れます。

Q2 たとえば、太陽の表面では、時間はどのように進むの？

A 進み方が遅くなります。

一般相対性理論では、質量が大きいほど重力が強く、上の図のように時空のゆがみも大きくなります。太陽の質量は地球の約33万倍で、重力も地球より強いため、太陽表面での時間の進み方は、地球よりも100万分の2くらい遅くなります。

重力は光にも影響を与えているの?

A 与えています。

天体の重力によって光が曲げられることで起こる「重力レンズ」という現象があります。太陽の重力の影響により時空がゆがむため、光が真っ直ぐに進まず、進み方を変えることが観測により明らかになっています。太陽以外の天体でも、巨大な重力源である銀河団によって光が曲がり、天体の像がゆがんだり、いくつにも増えて見えたり、明るさが強くなったりすることがあります。これは時空のゆがみがレンズのような働きをすることから、「重力レンズ」と呼ばれています。

銀河団 Abell 1689によって作られた重力レンズの効果。遠方にある多数の銀河の姿が円弧状に引き伸ばされて見えています。

★COLUMN★

宇宙滞在中の時間設定

国際宇宙ステーション (ISS) は、地上から約 400km 上空にあり、1日で地球を約 16 周 (時速約 2 万 7700km) しています。地球のように太陽を基準に時間を決めるわけにはいかないので、ISS では世界標準時 (UTC) を使っていて、日本とは9時間の時差があります。ただし、たとえば、地球から月までは 38 万 km もあり、光を使っても地球からの信号が届くのに 1 秒かかります。小惑星探査機「はやぶさ 2」は、最大で地球から約 3.5 億 km も遠くまで行ったため、光速でも信号が届くまで 20 分かかり、データのやりとりをする場合は往復で 40 分もかかりました。そこで、地球から通信を送った時間を TRM (Transmission time)、地球基準での探査機に届く時間を SCET (Space-Craft Event Time)、探査機から地球に届いた時間を ERT (Earth-Received Time) と呼んで時間を認識していました。

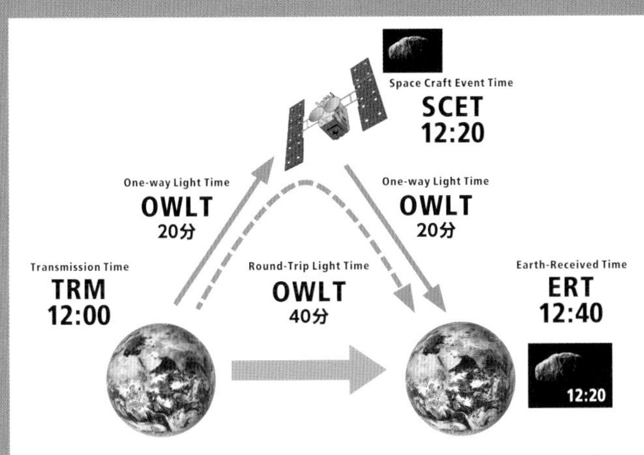

地球から 12:00 に通信を発信した場合のイメージ図。

Q 時間のない場所って存在するの?

A まだ発見されていません。

ブラックホールに落下していく宇宙船から発せられた信号をみると、宇宙船内部の時間はあたかも徐々に凍結していくように観測され、ブラックホールでは時間が凍結すると考えられています。しかし実際は、ブラックホールで物体が静止していることは不可能です。

NASAが描いたブラックホールのイメージ。（写真:NASA）

光さえも吸い込む、暗黒の穴「ブラックホール」。

大きな質量の恒星が死んだ後に生じるブラックホールは、
周辺にあるあらゆる物質を吸い込みながら
さらに大質量の天体へと成長していきます。
大質量になるほど重力は強くなって時間の進み方が遅くなるため、
地球とは異なる時間の流れを体験できるかもしれません。

Q1 そもそも「ブラックホール」って何？

A 恒星の最後である超新星爆発の後に残る残骸です。

太陽の30倍以上の質量を持つ大きな恒星の場合、寿命を迎えるときに起きる超新星爆発の後も核が収縮し続けます。そうして収縮した天体がブラックホールです。非常に重力が強く、光をも吸い込んでしまうことから、「ブラックホール（黒い穴）」と名付けられました。

超新星爆発のイメージ。爆発後の収縮によってブラックホールが誕生します。

Q2 ブラックホールに近づいた宇宙船は、どうなるの？

A 時間の進み方が遅くなります。

重力が強いブラックホールに近づけば近づくほど、時間の進み方は遅くなり、吸い込まれる直前のブラックホール表面では時間が止まります。ただし、宇宙船のなかにいる人が体感する時間の経過は地球にいるときと変わらないので、たとえば、宇宙船でしばらくブラックホールの近くに滞在してから地球に帰還すると、宇宙船のなかの人は4年しか経っていないと思っていても、地球に着くと5年後になっているということが起こりえるのです。

1994年に行なわれたスペースシャトル「ディスカバリー」の打ち上げ。宇宙船がブラックホールの淵で船内の時間感覚で4年滞在してから地球に帰還すると、1年先の未来に行くことも理論上可能になります。

Q3 ブラックホールを見ることはできるの？

A 間接的に観測することはできます。

ブラックホールは、強力な重力で周辺の物質を高速で回転させながら吸い込みます。このときにできた渦巻き（降着円盤）が、超高温になってX線やガンマ線を放出するので、X線やガンマ線を調べることで間接的にブラックホールを観測することができます。

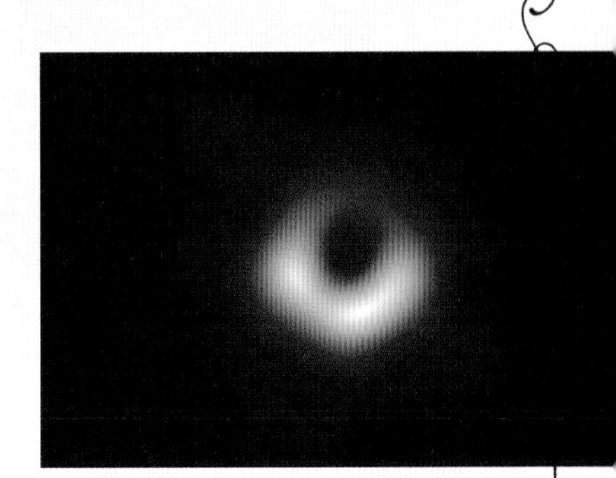

おとめ座銀河団の楕円銀河M87の中心にあるブラックホールの周辺を、アルマ望遠鏡を含むイベント・ホライズン・テレスコープで撮影した画像。（Credit: EHT Collaboration）

★COLUMN★

成長するブラックホール

ブラックホールは周辺の物質を吸い込み、さらに大質量のブラックホールへと「成長」していきます。銀河の中央には、太陽の数百万倍から数十億倍もの質量を持つ、超巨大なブラックホールが存在すると考えられており、それらが今後、どのように成長していくのか、長年にわたって研究されてきました。近年では、人工知能の一種である機械学習を利用して、ブラックホールの成長プロセスを解析する研究なども進んでいます。

Q
タイムマシンを作ることはできないの？

未来都市さながらの景観を見せるバンコクの夜景。
(タイ バンコク)

A

特殊相対性理論にのっとれば、可能性はあります。

光に近い速さで走る乗り物、もしくは重力の強いところに滞在することができる乗り物があれば、未来への旅が可能になります。

過去や未来への旅は、はたして夢物語なのか？

SF作品にたびたび登場するタイムマシンは、
空想だけの存在なのでしょうか。
相対性理論に基づけば、光速に近いスピードで移動したり、
ブラックホール周辺に行くことができたりすれば、
理論的には、未来へのタイムトラベルが可能になります。

Q1 光速に近いスピードで移動しているものってないの？

A ミューオンという素粒子があります。

宇宙から地球に注がれる宇宙線と大気中の分子などが衝突して発生するミューオンは、光速に近い速度で進む素粒子です。本来のミューオンの寿命は100万分の2秒しかありませんが、光速に近い速さで進むことで時間の流れが遅くなります。そのため寿命が伸びて地上に到着することができるので、未来へのタイムトラベルを実現しているといえるかもしれません。

Q2 「浦島太郎」の話は、理論上ならありえる話？

A 竜宮城が、光速に近い速度で飛べる宇宙船なら可能です。

もしも竜宮城がほぼ光速で移動することができれば、浦島太郎が竜宮城で過ごしたのが3年間だったとしても、地球では300年経過していることもありえます。このように、光速に近い速度での宇宙旅行から戻ってきたとき、地球ではその何倍も時間が経過していたという現象のことを「ウラシマ効果」と呼びます。

丸山島（香川県三豊市）鴨之越の浜の夕景。この浜で浦島太郎が亀を助けたという伝説が伝わります。

③ 光速を超える物質が存在したら、過去への通信ができるの？

A　できる……かもしれません。

もしも超光速粒子が存在すれば、その粒子に情報を載せて過去に飛ばすことが原理的には可能だといわれています。ただし、そのような粒子は発見されていません。

チェンマイのローイクラトン祭によって光の粒子が空に撒かれます。

★COLUMN★

SF作品に登場するタイムマシン

タイムマシンが登場するSF作品は、H.G.ウエルズの『タイムマシン』という小説が元祖といえるでしょう。この作品では時間を4次元と捉えて、次元を移動できるタイムマシンを開発して未来に行くストーリーです。そのほかにも、『バック・トゥ・ザ・フューチャー』『ドラえもん』『仮面ライダー電王』『ドクター・フー』など、多くの作品にさまざまなタイプのタイムマシンが登場し、登場人物たちを過去や未来の旅に連れていきます。

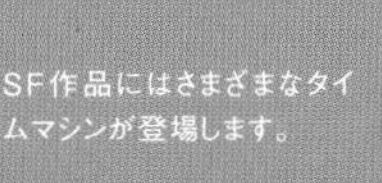

SF作品にはさまざまなタイムマシンが登場します。

Q 過去に行くのは、理論上なら可能なの？

1905年のピカデリーサーカス（左）と、現代のピカデリーサーカス（右）。
（イギリス ロンドン）

A ワームホールを使えば、可能になるかもしれません。

ワームホールを通り抜ければ、空間と時間を超えられる。

別の宇宙や離れた空間をつなぐワームホールは、
時空の抜け穴のような存在です。
宇宙のどこかにあるかもしれないといわれるワームホールの
穴から穴へと通り抜けることで、
瞬間移動ができたり、
タイムマシンとして時間を遡(さかのぼ)ることもできるかもしれません。

Q1 ワームホールについて、もっと教えて！

A 「時空のトンネル」と呼ばれています。

ワームホールとは、別の宇宙や離れた空間をつなぐ「時空のトンネル」です。理論的には、ワームホールを通ることで、数百万光年も離れた銀河間を数時間程度で移動できるようになります。たとえば、ふたつのワームホールのうちの片方の穴（A）を地球の近くにとどめ、その近くにあったもう1つの穴（B）を光速に近いスピードで動かしてから地球の近くに戻します。光速で移動して戻ってきた穴（B）は時間の流れが遅くなっているので、地球の近くから動かなかった穴（A）が100年経過していても、穴（B）は3年しか経っていないこともありえます。ここで穴（A）の時代の地球を出発した宇宙船が穴（B）に入り込むと、97年前の穴（A）から出てくることになります。そのように光速移動で時間の流れが遅くなる仕組みを利用すれば、過去へのタイムトラベルが可能になると発表した物理学者もいます。

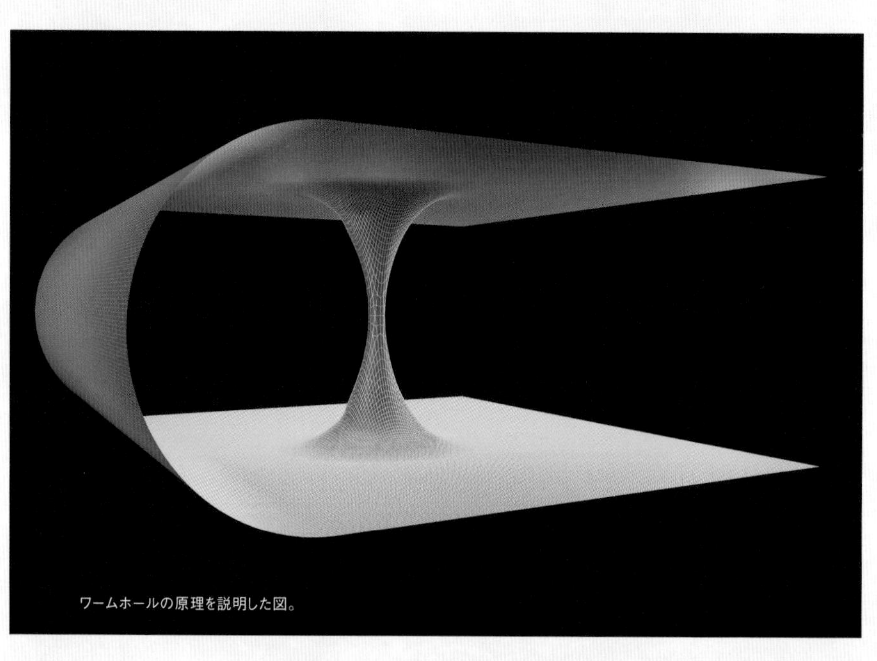

ワームホールの原理を説明した図。

ワームホールって、存在するの？

A 一般相対性理論で、説明可能だとされています。

ワームホールの存在は、アインシュタインの一般相対性理論などで説明可能だとされています。しかし、ワームホールは、内側から押し出す力がないと、重力の影響を受けて潰れてしまうと考えられています。潰れたトンネルではなかを通過することができませんが、ワームホールに「負のエネルギー」を注入すればワームホールが安定して、通過できるようになるとされています。ただし、「負のエネルギー」が存在しているかどうかは不明です。

③Q ワームホールを通ると、いつまで時間を遡れるの？

A ワームホールのタイムマシンが完成したところまでです。

ワームホールを利用したタイムマシンは、片側の穴だけを光速に近いスピードで動かしてから地球の近くに戻して、時間の流れを遅らせて時間を遡る仕組みです。この仕組みで過去に戻ることができるのは、最初にワームホールを動かしたとき、つまりタイムマシンが完成したところまでとなります。

ワームホールができたとしても、恐竜が生きた時代までは戻ることはできないようです。

★COLUMN★

『ドラえもん』に登場するワームホール

ドラえもんのひみつ道具のなかには、ワームホールの仕組みを利用していると思わせる道具があります。ドラえもんが最初に現れる勉強机の引き出しはタイムマシンになっていますが、ドラえもんたちはタイムマシンに乗ってタイムホールと呼ばれる真っ暗な時空間を移動し、タイムトラベルした先の世界に出現する黒い穴から飛び出します。この穴がワームホールを参考にしたものだと考えられます。

誰もが一度は憧れる「どこでもドア」は、タイムトラベルではありませんが、空間を移動する様子が、まさにワームホールのようです。

Q
タイムトラベルができたとして、歴史は変えられるの?

ウユニ塩湖の湖面に映るもうひとつの世界。同時並行の世界「パラレルワールド」がタイムトラベルのヒントかもしれません。（ボリビア）

A
変えられるとも、変えられないともいわれます。

タイムトラベルをしたときに避けられないパラドックスがある。

理論的にタイムトラベルが可能だとしても、
過去に戻って歴史を変えてしまうことで生じる
「タイムパラドックス」という問題があります。
しかし、パラレルワールドであれば歴史は変わらないので、
そのような矛盾がなく過去に行けることになります。

Q1 過去を変えてしまうと、どんな問題が起こるの？

A 「親殺しのパラドックス」という論理的矛盾が知られています。

理論上は過去へのタイムトラベルが可能だとしても、過去に行くことで矛盾（タイムパラドックス）が起きてしまうという問題があります。「親殺しのパラドックス」と呼ばれる論理矛盾は、過去に戻って自分が生まれる前の親を殺した場合、自分が生まれなくなってしまうのだから、過去に戻って親を殺す自分自身がいなくなってしまうという矛盾です。

ミーアキャットの家族。ペア、もしくは家族が一緒になって生活し、直立してはかわいらしい姿を見せてくれます。

②Q そもそも時間旅行で、過去を変えることはできるの？

A 変えられない、という考え方もあります。

未来の世界で矛盾（パラドックス）になるような出来事は、あらかじめ排除されるため、何度過去に戻っても結局は同じ出来事が繰り返されるという考え方もあります。たとえば、過去に戻って親を殺そうとしても必ず何らかの邪魔が入って殺せなくなるという考えで、過去が現在と矛盾しないように後から選択されているということを意味する「事後選択モデル」と呼ばれています。

---

③Q 矛盾が生じないタイムトラベルについてもっと教えて！

A 「多世界解釈」という考え方でも、矛盾は生じません。

世界はいくつものパラレルワールド（並行世界）に分岐しているとする「多世界解釈」という考え方でも、過去に影響を与えないので、矛盾が生じることがありません。多世界解釈によると、過去へのタイムトラベルで歴史を変えたとしても、それは現在とは別世界の過去なので、いまいる世界の現在や未来には影響がないことになります。

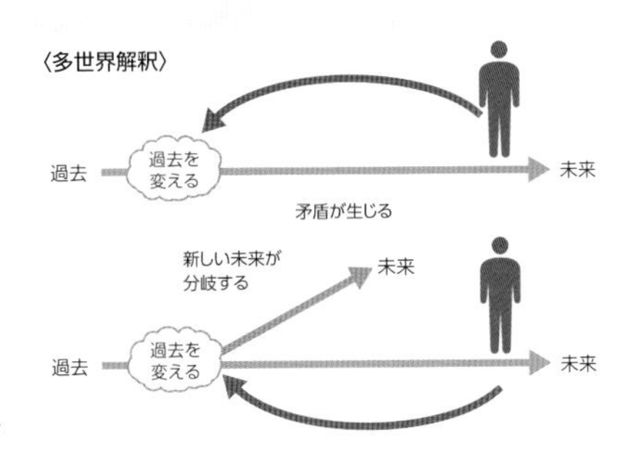

多世界的解釈のイメージ

★COLUMN★ いくつもの宇宙が存在する「マルチバース」

宇宙を意味する英語「uni（1つの）verse」に対して、「multi（複数の）verse」はいくつもの宇宙が存在するとする理論です。日本語で「多元宇宙」と呼ばれるマルチバースは、いま自分たちがいる世界や宇宙とは別の世界や宇宙が存在しているという意味でパラレルワールドと似ています。しかし、マルチバースの別宇宙は、いまいる宇宙とは異なる物理法則であるなど、必ずしもパラレルワールドと同じではありません。

宇宙誕生の瞬間（インフレーション）に、複数の泡ができることは可能だとする物理理論があり、それぞれの泡が宇宙を形成したと捉えます。

物質の最小単位のように時間にも最小単位が存在する。

私たちの世界では時間は途切れることなく、
ひとつの方向に向かって流れる連続したものと考えられています。
しかし、「量子」と呼ばれる目には見えないほど微細な世界では、
時間そのものや、時間の流れ方に対する考え方が異なります。

Q1 時間の最小単位を教えて！

A 「プランク時間」です。

物質の最小単位が「量子」であるように、時間にも最小単位があるとする理論があります。この理論の最小単位が「プランク時間」です。

世界最大のペンギン・皇帝ペンギンとその子供。成長すると体長は130cmに達する皇帝ペンギンに対し、世界最小のフェアリーペンギンは体長30～40cmでしかありません。

Q2 プランク時間の長さって、どれくらい？

A 約5.4×10のマイナス44乗秒です。

量子論の創始者のひとりである物理学者のマックス・プランクは、普遍的な自然法則（光速「c」、重力定数「G」、換算プランク定数「h」）がすべて1になるような「長さ」「質量」「時間」の単位としてプランク単位系を提唱しました。時間の単位である「プランク時間」は、光が1プランクの長さ（約1.6×10のマイナス35乗m）を進むのにかかる時間のことです。

2マルク硬貨に描かれたプランク時間の提唱者マックス・プランク。

★COLUMN★

物理学は時間の問題を解決できていない

物理学の世界では、ニュートン力学から相対性理論、そして量子力学へと、物理学の進歩に従って、時間や空間に対する新たな理論が構築されてきました。現在もなお、世界中の物理学者たちは、タイムマシンやパラレルワールドの存在を紐解くことで、時間の謎を解き明かそうと挑み続けています。近年では、「時間は存在しない」といった説もありますが、未だ明確な答えは出ないままです。

最速の世界

昆虫、魚類、鳥類、哺乳類の最速王は？
自然界のスピードスターを見てみましょう！

地上を走る最速の鳥
ダチョウ

ダチョウの走る速度は時速70kmに達し、100mを5.14秒で走りきるスピードです。

最速の哺乳類
チーター

最高時速は時速110kmで、100mをわずか3.27秒で駆け抜けます。

最速の魚類
クロカジキ

クロカジキは時速129km、バショウカジキは時速110kmという記録が残っています。

最速の鳥
ハリオアマツバメ

水平飛行で最速記録を持つのは
ハリオアマツバメで、時速170km。

最速の鳥
ハヤブサ

急降下する速さの最高
記録は、ハヤブサが持
つ時速389kmです。

最速の昆虫
ハンミョウ

ハンミョウは時速80km
で走るといわれます。

世界最速の車
SSCトゥアタラ

9LV8ツインターボエンジンを搭
載し、最高速度は時速532km
を記録しています。

Q

いま見ている太陽の光はいつのもの?

約8分前の光に照らし出されるイースター島のモアイ像。（チリ／写真：SIME/アフロ）

A

約8分19秒前のものです。

光の速さがわかったことで、時間の概念が変わりました。

古代の人々は光の速度は無限大と考えていましたが、
ガリレオが光速は無限大ではないことに気づき、
光の速さを測定する方法を考案していました。
その後、屋外実験で光速が計測され、光の速さがわかったのです。

Q 光の速さはどれくらい？

A 秒速29万9792kmです。

1秒間に地球を7周半する速さです。物体が運動する速度は、観測者によって変わります。たとえば、時速30kmで走る自転車から、同じ進行方向に向かって時速60kmで走る自動車を見た場合、自動車は時速30kmの速さで遠ざかって見えます。しかし、光については「光速度不変の原理」があるため、光源の速さが違っても、観測者が移動していても、その速さは変わりません。

流れる車窓の風景。もし光速で走れる車があったとすれば、光速に近づくほど、横からの光が届かなくなり、視界が前方に集中していきます。そして光速に達すると、光が正面からしか届かず、ほかの方向は真っ暗になると考えられています。

Q2 光の速さは、いつわかったの？

A 1849年に計測されました。

光の速さを初めて実験により計測したのはフランスの物理学者であるフィゾー（1819～1896年）ですが、それより300年以上前にガリレオは光の速さを計測する方法を考案していました（実際には計測しませんでした）。また、1676年にデンマークの天文学者のレーマー（1644～1710年）が、木星の衛星であるイオが木星に隠れるタイミングから光の速度を計算しましたが、レーマーが導き出した光の速さは秒速21万4300秒と、実際の光の速度よりかなり小さい不正確なものでした。

アメリカ合衆国オマハ北部で撮影された稲妻。

Q3 フィゾーはどうやって光の速さを測定したの？

A 反射鏡に反射して返ってくる時間から測定しました。

フィゾーが行なった実験では、光源から発した光が8.6kmほど離れた反射鏡に反射して戻ってくるまでの時間を計測しました。この実験では、光源と反射鏡の間に回転する720個の歯がついた歯車を置き、反射して戻ってくる光が歯車の歯に遮られて見えなくなることを利用して、その間に回転した歯の数と回転数から光の速度を算出しました。その測定結果は、秒速31万3000kmで、かなり精度の高いものでした。

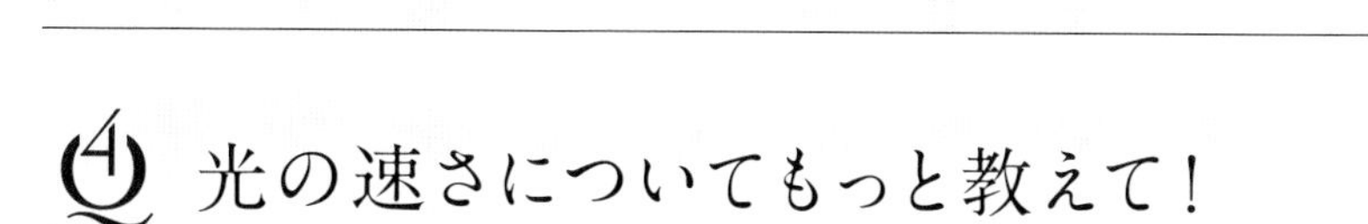

Q4 光の速さについてもっと教えて！

A 1mの長さも、光の速さが基準になっています。

1983年に国際度量衡委員会は「光の速度は、秒速29万9792.458km（秒速2億9979万2458m）」と決め、さらにこの数値から「1m＝光が真空中を2億9979万2458分の1秒間に進む距離」と定めました。

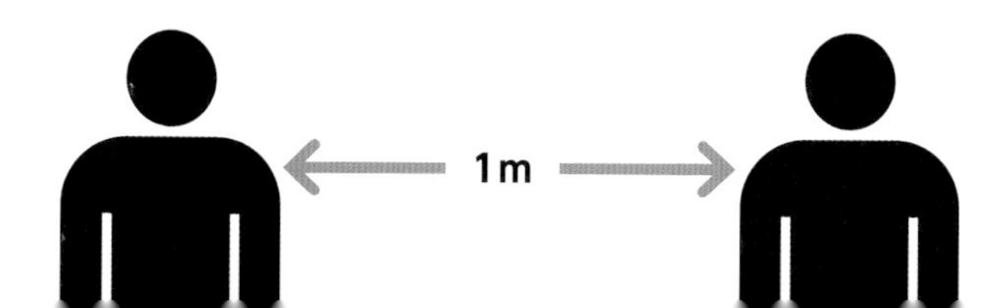

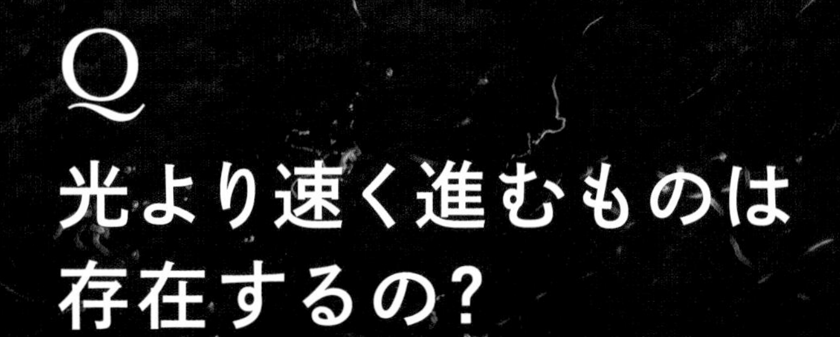

Q
光より速く進むものは存在するの？

A
ありません。

2011年に光より速いニュートリノが検出されたとする論文が発表され、にわかに期待が高まりましたが、その後、撤回されました（「超光速ニュートリノ」）。

夜の闇を乱舞するゲンジホタルの光跡。（長野県／写真：今井悟／アフロ）

光速を超えるものは、まだ見つかっていない。

光の速度を超えるものが存在すれば、
時空を超えたタイムトラベルが実現します。
現時点では光速を超えるものはありませんが、絶対にないと明言することもできず、
どこかに存在している可能性は否定しきれません。

Q1 物体が加速し続けても、光速を超えることはできないの？

A 光速より速くなることはありません。

光の速さは宇宙を移動する物質のなかでいちばん速く、光速を超える物体はいまのところ存在しません。

Q2 物体が光速を超えることができないのはなぜ？

A 光速に近づくほど質量が大きくなり、加速できなくなるからです。

相対性理論では、光速に近づくほど時間の流れは遅くなりますが、一方で光速に近づくほど質量が大きくなり、その物質は加速できなくなるとされます。つまり、結果的に光速を超えることができないのです。

地球に最も近い距離を秒速70.6 kmで通過したヘール・ボップ彗星。ユタ州のアーチーズ国立公園での撮影。

光より速いものがあるとする説はないの？

A 「タキオン」という粒子が存在するという説があります。

加速するのではなく、常に光を超える速度で移動する「タキオン」という仮想的な粒子があります。多くの物理学者は存在しないと考えており、そのような粒子は観測されていません。しかし、絶対に存在しないと否定することもできていません。「タキオン」は「速い」を意味するギリシア語から作られた造語で、1967年にアメリカの物理学者であるジェラルド・ファインバーグが命名しました。

Q4 本当に光速より速いものはないの？

A 遠くの銀河は、見かけ上、光速より速く遠ざかっています。

膨張し続けている宇宙が地球から遠ざかる速さ（相対速度）は、地球からの距離に比例しています。そのため地球からうんと離れた銀河ほど遠ざかる速度が速く、見かけ上、光速も超えます。これは銀河自体が移動しているのではなく、宇宙が見かけ上、光速を超える速度で膨張しているということです。

宇宙から見た渦巻き銀河。

★COLUMN★

光は波であり粒子である

光は物質（粒子）としての性質を持ちながら、波（電磁波）としての性質も持ちます。光の波としての性質があらわれているのが、「色の違い」です。人間の目に見える光の波長（可視光）では、波長の短い青や紫から波長が長い赤などがあります。量子力学では、粒子としての光（光子:フォトン）に「プランク定数×振動数」のエネルギーがあります。

Q

ピッチャーが投げたボールの瞬間的な速度を測ることはできる？

A

可能です。

スピードガンと呼ばれる測定器は、ピッチャーが投げたボールやバッターの打球の「瞬間球速」を測定することができます。

MLBのロサンゼルス・エンゼルスに所属する大谷翔平選手は、2023年現在、球速165km/hの日本人最高記録を持っています。
(写真：日刊スポーツ/アフロ)

写真：白崎良明／アフロ

「時間」がわからなければ、「速さ」も「速度」もわからない。

「速さ」は、ある単位時間あたりに、
進んだ距離（道のり）から算出します。
1時間で5km進む乗り物と10km進む乗り物があれば
10km進む乗り物のほうが速いということです。
「速さ」や「速度」を考えるとき「時間」は不可欠は存在です。

Q 「瞬間速度」って何？

A ある時刻における瞬間の速さのことです。

自動車や新幹線は、発車してから到着するまで、常に一定のスピードで走っているわけではなく、発車してから徐々に加速していき、停車するために徐々に減速していきます。走行中の速度は変化していますが、「8時ちょうどのときの速度」というように、特定の時刻での瞬間（限りなく0に近づけた時間）の速度が「瞬間速度」です。

スーパーカーを超えるハイパーカーと呼ばれるブガッティ・ディーヴォ。最高時速は380km。価格は500万ユーロ（約6億2600万円）ながら、40台限定販売分は当日完売しました。

では、「平均速度」って何？

A 出発から到着までの平均した速さのことです。

たとえば、東京から大阪まで行く新幹線は、最高時速285kmで走ることができますが、ずっと時速285kmで走っているわけではありません。駅を出発してから加速や減速を繰り返し、駅に着けば速度はゼロになります。平均速度はそのような変化がない一定な速度として割り出します。平均速度は、出発地点から到着地点までの距離を時間で測って計算します。

東海道新幹線の最高時速は285km。停車時間を除いた東京駅と新大阪駅間の平均速度は、時速245.3kmです。

③ 「速さ」と「速度」って、違うの？

A 速度には「向き」という要素が加わります。

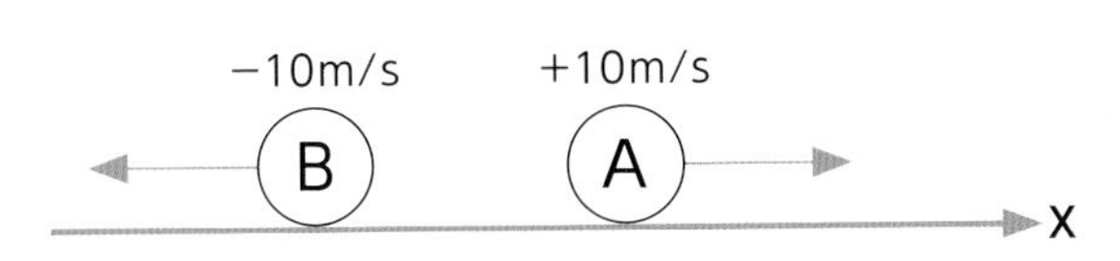

「速さ」は同じでも、「速度」は同じではありません。

「速さ」も「速度」も一定の時間にどれくらい進んだかを表すもので、日常生活では「スピード」として同じように使われています。ただし、物理学では明確な違いがあり、速度は「どれくらい位置が変化したか」という「向き」を含んでいます。向きを問わない「速さ」は必ず0以上の数になりますが、向きを持つ「速度」はマイナスになることもあります。たとえば、東を進行方向とする場合、速さは同じ時速10kmだったとしても、東に進むと「時速+10km」で、西に進むと「時速−10km」となります。

★COLUMN★

スピードガンの仕組み

野球などで球速の計測に使われているスピードガンは、ボールに短い波長の電波を当て、反射した電波の周波数の変化（ドップラー効果）を利用して球速を算出しています。

Q

どれくらいの速さで
移動すれば、
人工衛星は
地球に落ちずに済むの？

人工衛星と地球。人工衛星は秒速約8km以上の速さで地球の周りをまわっています。(写真:imagebroker／アフロ)

A
秒速7.9km以上の速さが必要です。

意外と知られていない身のまわりの「速さ」。

普段はほとんど意識していなくても、
世の中のあらゆるものは運動したり移動したりしていて、
それぞれに「速さ」を持っています。
身のまわりのものの速さを知ると、
世界がそれまでとは別の見え方をしてくるかもしれません。

Q1 打ち上げ花火は、小さいほど速く上がるの？

A 逆です。大きいほど速く上がります。

花火の数字は玉の大きさ。数字が大きいほど玉自体が大きく重くなるので、打ち上げに用いる火薬の量も増えていき、速く上がります。3号玉は秒速約114m、5号玉は秒速約138mで打ち上がります。

長岡の花火大会。色とりどりの花火が夜空に花を咲かせます。

2Q 人間の血液が、全身をひと回りするのにどれくらいかかるの？

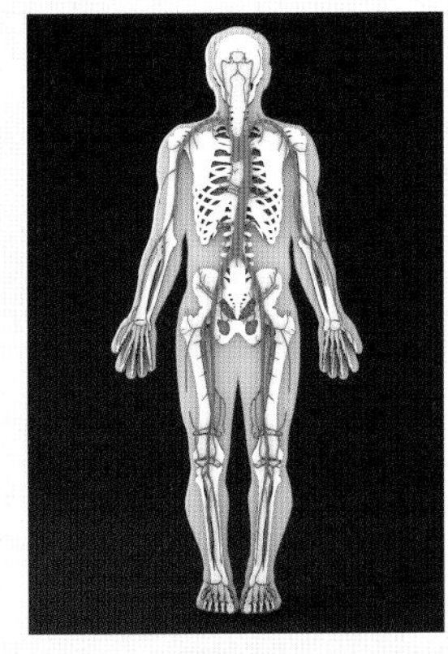

成人の血管の総延長は約9万km。血液の量は体重の1/13で、体重65kgの人なら血液量は5kg程度です。

A 約30秒です。

血液を送り出すポンプのような働きをしている心臓は、収縮（拍動）のたびに約60mLの血液を送り出し、全身に酸素や栄養素を運んでいます。血液は約30秒かけて全身を巡って心臓に戻ってきます。血液が流れるスピードは、血管の太さによって異なりますが、太い血管では秒速1mほどになります。

3Q リニアモーターカーは、どれくらいの速さなの？

A リニア中央新幹線は時速500kmです。

2027年に営業運転を開始する予定のリニア中央新幹線は、新幹線の約2倍の時速500kmで東京一名古屋間を走行します。これは東京一大阪間を約1時間で移動できるスピードで、実現すれば世界最速の新幹線となります。

営業運転の開始へ向けて試験を繰り返すリニアモーターカー。

★COLUMN★

進化のカギは「スピードアップ」

技術の進歩によって何かがスピードアップするごとに、人々の社会や生活は便利になっていきます。代表的なものが移動手段のスピードアップです。自動車、鉄道、航空機と、スピードアップするとともに一度にたくさんの人が移動できるようになり、国境を越えた交流が当たり前の世の中になりました。コンピュータの進歩も著しく、処理速度のアップと小型化が進んだ現在では、かつての大型コンピュータを超える性能のスマートフォンを誰でも扱えるようになりました。

日本の美しい時計台

文明開化とともに西洋から時計がやってくると、日本各地に時の鐘に代わって時計台が設けられていきました。

札幌市時計台（北海道札幌市）

札幌農学校（現・北海道大学）の演武場として建立された国内最古の時計台。三角屋根の上に時打重錘振子式四面時計が載っています。

銀座和光時計台（東京都中央区）

服部時計店（現・和光）の時計塔。東京銀座の中心である銀座四丁目交差点に面し、町の象徴的存在です。1894年に服部時計店が朝野新聞社屋を買い取り、同じ年に完成しました。

横浜市開港記念会館時計台(神奈川県横浜市)

1923年に再建された開港記念館の時計塔の高さは約36m。神奈川県庁本庁舎の「キングの塔」、横浜税関の「クイーンの塔」とともに「ジャックの塔」の愛称で親しまれています。

辰鼓楼(しんころう)(兵庫県豊岡市)

もともと城主の登城を知らせる太鼓を叩く楼閣でしたが、旧藩医の蘭方医から寄贈されたオランダ製の機械式大時計が取り付けられ、1881年に現在の姿となりました。

Q
なぜ、退屈な時間は長く、楽しい時間は短く感じるの?

A

時間を意識するか、意識しないかの違いです。

退屈で時間が気になってしまうことが多いほど意識する回数も増えるため、長く感じます。
逆に楽しいと時間を意識しないので短く感じます。

体験や体調によって、時間の感じ方は変化します。

事故などで強い恐怖を感じたときに、
目の前の様子がスローモーションのように見えるといいますが、
実は、その現象は実験でも明らかになっています。
集中すべき状況で思わず時間を浪費してしまうのにも理由があり、
意識を少し変えることで時間を上手に使えるようになります。

Q1 怖いことがスローモーションで見えるのはなぜ？

A 視覚の処理速度が変化するからです。

危険を感じているときは視覚に対する情報処理速度が上がり、わずかな変化にも素早く気づきやすくなるという実験結果があります。つまり、1秒間に認識できるコマ数が増えた状態と同じようになるため、スローモーションに見えるのです。このような現象のことを、「タキサイキア現象」と呼びます。

高所から命綱をつけずに背中から落下するアトラクションを使った実験では、落下した本人は実際の時間よりも長く感じて、落ちている人を見学した人は実際より短く感じました。バンジージャンプでも、怖いと感じるか、楽しいと感じるかによって体感時間は変わってくるかもしれません。

Q2 時間の経過を短く感じられる住環境ってある？

A 広くて、外が見え、寒色系のインテリアでまとめられた部屋がよいでしょう。

外の世界との接点が広がる＝空間が広い部屋は、リラックスできて身体の代謝もゆっくりとなるため、時間の経過が短く感じられます。また、寒色系の色は人間の意識を沈静化させるため、1時間いても50分程度にしか感じません。そのためこうした部屋はストレスの軽減にも役立ちます。

Q3 では、時間の経過を長く感じる住環境もあるの？

A 狭い部屋や、赤い色の部屋です。

狭い部屋、圧迫感のある部屋はストレスとなり身体の代謝も早くなるため、時間の経過が長く感じられます。また、赤色はほかの色に比べて脳を興奮させる作用が強く、身体の新陳代謝も活発にする作用があり、エネルギーも消費させてしまうため、時間経過が長く感じられます。価格帯が安い店が暖色系の装飾となっているのは、この作用を利用し、時間の経過を長く感じさせて回転率を上げようとしているためです。

Q4 締め切り間近にならないと、多くの人が頑張れないのはなぜ？

A 自己正当化をするためです。

自分自身を守ろうと言い訳できるような状況に、無意識に自分を追い込んでしまうことがあります。試験勉強をしなければいけないのに部屋の掃除をしてしまったりするのも同じですが、締め切りギリギリまで作業を始めないことで「時間がなかったのだから仕方ない」という状況を作りだし、自己正当化をしているのです。

Q5 飲食店でテンポの良い音楽が流れることがあるのはなぜ？

A 時間の経過を早く感じさせ、回転率を上げるためです。

テンポの良い音楽は身体の新陳代謝が活発になるため、時間の経過が長く感じられます。

Q 大人になると、なぜ時間が短く感じるの?

A 年齢に占める1年の割合が小さくなるからです。

また、加齢によって、物事を判断するのにかかる時間や動作がゆっくりになって、自分で思っているよりも時間の進み方が速く感じることもあります。

父親と絶景を眺める女の子。発見がいっぱいの子供の時間は密度が濃く、ゆっくり感じられます。

大人になるほど、時間はあっという間に過ぎていく。

どんな人にとっても時間は等しく流れているはずなのに、
「もう1時間経った」と感じる人もいれば、
「まだ1時間しか経っていない」と感じる人もいます。
年齢を重ねるほど時間の感覚は短くなり、時間の経過を短く感じるといわれていますが、
それには心と体の両方に理由があるといいます。

Q1 大人と子供では、どれくらい体感時間は違うの?

A 3分間で約20秒違うという実験結果もあります。

5歳から65歳の約3500人に対して、人が感じる時間(主観的時間)と実際の時間にどれくらいの違いがあるのかを調べた実験のデータからも、大人と子供では体感時間が違うことがわかりました。

暗い部屋のなかに入った被験者たちが3分経ったと思った時点でボタンを押すという実験を行ったところ、年齢が上になるほど実際の時間よりも時間の経過を短く感じていることがわかりました。

東京都渋谷区の渋谷駅前交差点。何日も前から楽しみにしている遠足と、毎日繰り返している仕事では、感じる時間の長さが違います。

Q2 大人になっても、体感時間を長くすることはできる?

A 日常に楽しみなことが増えると長く感じます。

オフィスでのデスクワークのように毎日同じ行動を繰り返していても、時間を短く感じます。対して、運動会や遠足などのイベントのほか、初めての体験が多く刺激的な毎日を過ごしている子供は、時間を長く感じます。大人になっても、初めての体験や待ち遠しいと感じる楽しみが多い毎日を送っている人は、時間を長く感じることができます。

Q3 1日のなかでも時間の感じ方は違うの?

A 朝起きたばかりのときは時間を短く感じます。

時間の感覚は身体的代謝にも左右されていると考えられています。同じ時間であっても、代謝が活発なときの時間は長く感じられて、代謝が下がっているときの時間は短く感じます。そのため、朝起きたばかりは代謝が低く、時間を短く感じるのです。

★COLUMN★

時間を長く感じたいなら朝が大切

基礎代謝は加齢とともに低下していきますが、筋肉量を増やして体温を高めることで代謝が活発になるといわれています。代謝が下がりやすい朝だからこそ、太陽の光を浴びて活動スイッチをオンにし、軽く体を動かすことが効果的なのです。そうして運動を楽しむことは、精神的、身体的、両面において時間を長く感じることにつながります。

Q 動物の身体の大きさは、時間の流れ方に関係しているの?

A 体が大きい動物ほどゆっくりした時間を生きています。

ゾウとネズミ

動物の「命の時間」は、体重やエネルギー消費で違う。

どんな生き物であっても「命」は有限で、
必ず寿命が尽きるときが訪れます。
「命の時間」の流れ方は動物によって異なり、
体重や消費エネルギーが影響していることがわかっています。
なかには"不老不死"を実現する生き物も……。

Q1 体重と寿命は、関係しているの？

A 体重が重い動物ほど寿命は長くなります。

動物の違いによる寿命は、体重が16倍になると寿命が2倍になり、体重の－1/4乗に比例しているといわれます。たとえば、体重が25gほどのハツカネズミの寿命は約3年、体重が4tほどのゾウの寿命は約70年となります。陸上でもっとも体の大きなゾウは、陸上の動物のなかでもっとも寿命が長いわけです。この計算によると、人間の寿命は30数年となりますが、衣食住や医療が整備されている生活環境で、本来の寿命よりかなり長く生きられるようになりました。

ニシオンデンザメは水温2 ～7度の寒冷深海域に生息する世界最北のサメです。
研究対象とした個体のうち、最大の個体の水晶体から年齢を割り出したところ、
その年齢は短く見積もっても272歳、長ければ512歳という結果が出ました。
（写真：picture alliance/アフロ）

なぜ体重が重いと、寿命が長くなるの？

A

体重が重いほど、単位あたりのエネルギー消費量が減るからです。

動物の寿命はエネルギー消費とも関係しているといわれています。エネルギー消費とは生命維持のために細胞を働かせるのに必要なエネルギーのことで、体重が重くなるほど体重1kgあたりのエネルギー消費量は少なくなるので長く生き、体重の軽い動物のほうが、エネルギー消費が大きいので寿命が短くなるといいます。

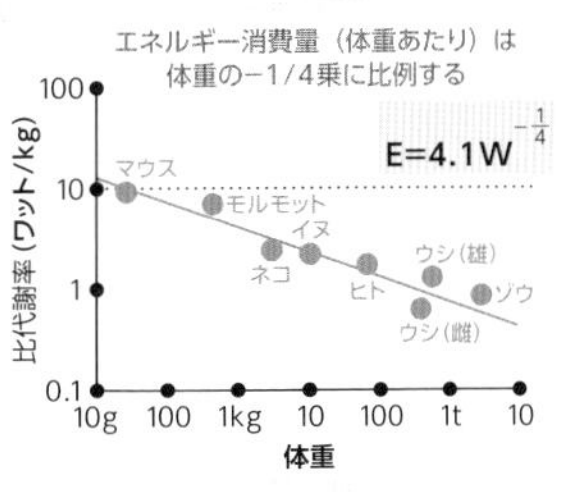

哺乳類の体重あたりのエネルギー消費量は体重の－1/4乗に比例しています。

脈拍のリズムも、寿命に関係があったりする？

A

脈拍も寿命に関係します。

どんな動物でも生涯に打つ脈拍数が決まっています。哺乳類は、生涯に心臓が拍動する数は平均して20億回、呼吸数は平均5億回です。この数は体重が10万倍近くも違うハツカネズミとゾウでも同じですが、体の小さな動物ほど血液が全身を巡るスピードが速く、拍動や呼吸は体の小さな動物ほど速くなります。そうして同じ数だけ呼吸や拍動をして寿命を終えるので、体の大きな動物ほどゆっくりとしたテンポで長生きすることになります。このように動物は、種類ごとに特有の生命のリズム（生理的な時間）を持っているのです。

	体重	心拍数	寿命
ゾウ	5t	30拍/分	80～100年
ハツカネズミ	25g	600拍/分	2～3年

ハツカネズミとゾウの1分あたりの心拍数。心拍数が少ないほど寿命は長くなります。

不老不死を実現する生き物って？

A

ベニクラゲは何度も若返ります。

ベニクラゲは直径数ミリ程度と小さく、受精すると、プラヌラという幼生期、ポリプという肉団子状の細胞の塊期を経て、成体になります。ほかのクラゲは成体の寿命が尽きたら終わりですが、ベニクラゲは成体の寿命が近づいたり敵に襲われて傷ついたりすると、ポリプの状態に戻って再度成長して成体になります。このように繰り返し若返ることができるので、永遠に近い時間を生きることになります。そのため、「不老不死のクラゲ」と呼ばれています。

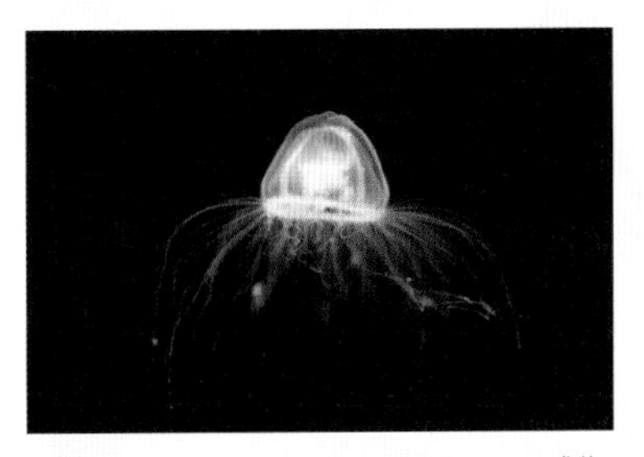

不老不死の生物ベニクラゲの成体。

Q

「体内時計」って、どんな時計？

ナミビアで撮影された天の川。夜、星が空に瞬く頃に眠くなるのも体内時計の働きによるものです。
（ナミビア／写真：Science Photo Library/アフロ

A
1日のリズムを生み出す仕組みのことです。

目覚めるのも眠くなるのも、体内時計のおかげです。

私たち人間には、地球の自転周期とほぼ同じ、
24時間周期で活動する「体内時計」が備わっています。
朝、明るくなると目覚めて身体活動が活発になり、
夜、暗くなると自然に眠気を促して眠れるようにする——。
心身の健康にとって大切なリズムを作っているのが体内時計なのです。

Q1 人間の体内時計は、どんなサイクルになっているの？

A 約24時間12分周期になっています。

個人差はありますが、人間の体内時計（生物・医学では「概日リズム」という）は、地球の自転周期とほぼ同じで、約24時間12分周期だと考えられています。

「眠り草」という別名を持つオジギソウ。昼間は太陽に向かって葉を開き、夜になると葉を閉じるオジギソウを、暗い部屋に置いても同じように開閉したことから、体内時計の存在が知られるようになりました。

Q2 夜になると眠くなる仕組みを教えて！

A メラトニンなどのホルモンが関係しています。

人間の体内では、深部の体温、睡眠を促進するメラトニンというホルモン、覚醒を促進するコルチゾールというホルモンの3つが変化して1日のリズムを作り出しています。寝ている間に下がった体温は、朝から徐々に上がり、夜の睡眠前には朝に比べて約1℃も高くなります。昼間は低い状態にあるメラトニンは、夜9時頃から一気に増えて眠気を誘い、就寝中も高いままです。一方のコルチゾールは睡眠後急速に減少していき、起床すると一気に増えていきます。

ニュージーランド、テカポ湖の星空。

Q3 「時計遺伝子」があるって、本当なの？

A 概日リズムの調整に関わる遺伝子が見つかっています。

ショウジョウバエの突然変異の研究をしていたアメリカの研究者が、概日リズムが狂ったショウジョウバエを調べていくなかで、1971年に発見したのが時計遺伝子です。その後の研究により、体内時計のオン・オフを調整するスイッチとなる「時計たんぱく質」と、その時計たんぱく質をつくり出す「時計遺伝子」が発見されました。人間では「Clock」「Bmal1」「Per」「Cry」といった時計遺伝子が、概日リズムにおいて重要な役割をしています。

★COLUMN★

時差ボケは体内時計のエラー

数時間以上の時差がある外国に、飛行機を利用して高速移動した際に起きる「時差ボケ」は、体内時計のエラーによるものです。たとえば、日本との時差が12時間のアルゼンチンでは、日本が午前7時のときに午後7時を迎えます。ところが、メラトニンやコルチゾールといったホルモンは日本にいたときと同じタイミングで分泌されるため、深夜にコルチゾールが分泌されて覚醒し、昼間にメラトニンが分泌されて眠くなってしまうのです。

ナミビア砂漠の日の出。時差ボケ対策としては、太陽の光を浴びてホルモン分泌をリセットすることが有効です。

写真：鈴木革／アフロ

Q 機械式時計の仕組みを教えて！

フランスのパンテオンにある「フーコーの振り子」。ただし、フーコーの振り子自体は時計とは関係がなく、地球の自転現象を示す演示実験です。（フランス パリ／写真：UlyseePixel-stock.adobe.com）

A 振り子の法則を利用しています。

ガリレオが「振り子の等時性」を発見しました。これをオランダのホイヘンスが利用して17世紀半ばに振り子時計を完成させました。

日時計から機械式時計まで便利さだけでなく美しさも追求。

紀元前の日時計から始まった時計の歴史は、
水時計、燃焼時計、砂時計などを経て、
振り子時計などの機械式時計へと進化してきました。
日本では美しい意匠の「和時計」が時を刻むなど、
世界中でさまざまな時計文化が育まれています。

Q1 振り子時計の原理を教えて！

A 長さが同じ振り子が必ず同じ時間で往復することを利用しています。

ガリレオが発見した「振り子の等時性」は、振り子の重さや振り子を揺らす幅が違っていても、振り子が往復するのにかかる時間は同じというものです。振り子の長さが同じなら、大きく揺らしても、小さく揺らしても、どちらも同じ時間で往復します。この仕組みを使って、一定間隔で時を刻む高精度な振り子時計が誕生しました。

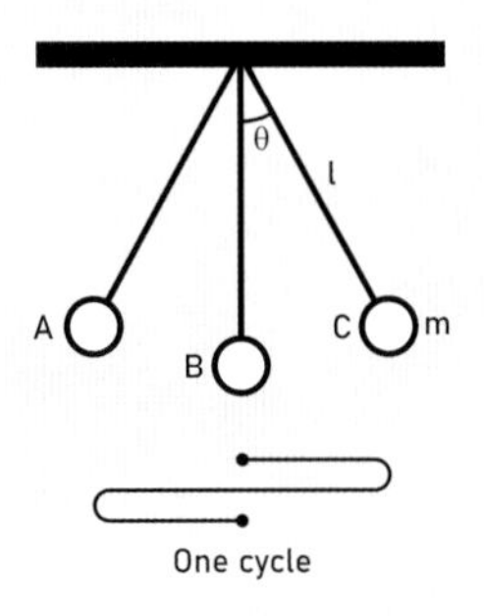

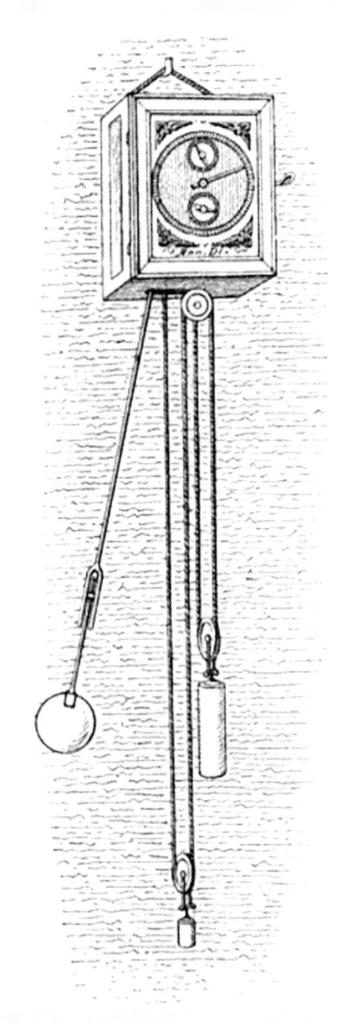

1656年にクリスティアーン・ホイヘンスによって発明された最初の振り子時計。

Q2 最古の時計って、どんな時計？

ギリシア・オロポスのアンフィアイオンの水時計。

A 紀元前3000年頃の棒の影で時刻を知る「日時計」です。

日時計の誕生から2500年ほど経つと、一定のスピードで容器から水が流れ出るようにして水面の高さで時刻を計る「水時計」が誕生しました。これなら太陽が出ていない日でも使えます。その後、ロウソクや香盤が燃える速さで時間を計る「燃焼時計」、砂が落ちる速さで時間を計る「砂時計」などが誕生しました。新たな時計ができるたびに、時を刻む精度は高くなっていきました。

Q3 和時計って、どんな時計？

A 江戸時代に日本で作られた機械時計です。

現在の時刻は1日を12等分した「定時法」ですが、和時計では季節によって時間の長さが変わる「不定時法」が採用されていました。明治6年（1873）に定時法を始めるまで、日本では200年以上にわたって不定時法が採用され、櫓時計、尺時計、印籠時計など、日本独特のさまざまな和時計が作られてきました。

往復運動をする「棒てんぷ」という重りで速度調節をするタイプの和時計では、季節によって時間を変えるため、1年に24回の節気に合わせて重りの位置を変えます。江戸後期になってゼンマイが使われるようになると、重りではなく文字盤を動かして調節しました。

Q4 スイスの時計が、有名なのはなぜ？

A 職を失った金細工職人が時計製造を始めて飛躍的に成長したためです。

スイスのジュネーブは金細工や宝飾加工が盛んでしたが、16世紀末の宗教改革により宝飾品を身につけることが禁じられると、金細工職人たちは時計職人に転身しました。1700年代には、ブランパン、ブレゲなど現在も知られている高級ブランド時計が次々と工房を開設。技術革新が進むとともにヨーロッパを中心に輸出されるようになり、「スイスといえば時計」といわれるまでに発展したのです。

スイス・ベルン旧市街のクラムガッセ通りにある中世の時計塔。

オーストリアのグラーツのシンボルとなっている時計塔。ヨーロッパの時計塔は10世紀頃から記録に登場し、14世紀頃には各地に広がります。当時主流の時計は機械式でしたが、振り子式ではなく、重りが下に落ちる力を利用して時刻を刻んでいました。
（オーストリア グラーツ）

Q

日時計や水時計のあと、時計はどのように発展したの？

A

砂時計、機械式時計、振り子式時計、クオーツ式時計と発展しました。

より正確に、より小さく、進化しつづける時計の歴史。

太陽や水などの自然現象を利用して時を知る時代を経て、
機械式時計、クオーツ式時計へと進化するごとに、
時計はより正確に時を刻めるようになっていきました。
また、当初は塔に設置するほど巨大だった機械式時計も、
どんどん小さくなって、いまでは腕に巻いて携帯できるようになりました。

Q1 最初の機械式時計はどんな時計だったの？

A 1300年頃につくられた塔時計だといわれています。

最初の機械式時計とされる塔時計には文字盤や針はなく、鐘を鳴らして祈りの時間などを知らせるためのものでした。塔時計には数百kgもある重りがついており、重りが下がる力で歯車を回転させます。この重りは、数日おきに巻きあげる必要がありました。重りを利用した時計はかなり大きく、移動することなどできませんでしたが、ゼンマイが発明されて、巻きあげたゼンマイがほどける力を利用した機械式時計が開発されると一気に小型化しました。

イギリス・ロンドンのウエストミンスター時計台のビッグベン（1859年製造）。

Q2 なぜ腕時計は左腕にするの？

A 多くの人が右利きだからです。

携帯する時計は、はじめは胸のあたりにぶら下げる胸時計と呼ばれるものでしたが、ポケットに入るサイズの懐中時計、そして腕時計へと進化してきました。初期の腕時計は少しの衝撃でも部品が壊れてしまうことがあったため、利き腕に比べて動かすことが少ない左腕に巻かれるようになったといわれています。

ゼンマイを巻き上げたり、時間の調整をしたりするリューズも右手で巻きやすい位置に設置されています。

Q3 ハト時計は、なぜハトが飛び出てくるの？

A 本当は、時計から出てくるのはハトではなくカッコウです。

日本以外の国ではカッコウ時計。

ヨーロッパでは、鳴き声が美しいカッコウは幸運をもたらす鳥だといわれていて、英語でもフランス語でも「カッコウ時計」という名前です。しかし、日本では、カッコウは「閑古鳥が鳴く」という言葉をイメージさせることから、カッコウと鳴き声が似ていて、平和の象徴とされているハト時計になったといわれています。

Q4 クオーツ時計の「クオーツ」って何？

A 水晶のことです。

水晶（クオーツ）に電流を流すと正確な周期で細かく振動する性質を利用したのがクオーツ時計です。小さな水晶（水晶振動子）を時計のなかに埋め込み、時間を刻む仕組みです。クオーツ時計の登場により、機械式時計よりはるかに正確に時間を刻むことが可能になりました。

Q いま最も正確な時計ってどんな時計?

ウーラニア―世界時計。1969年に東ドイツによって設置されたものです。世界の主要都市の時刻が表示されます。
(ドイツ　ベルリン／写真：AP／アフロ)

A 原子時計です。

高精度な光格子時計は、数千億年に1秒しかズレない。

何年経っても絶対にズレることのない
究極の正確さを追求してきて辿り着いたのは、
セシウム原子のふるまいを捉える原子時計でした。
次世代の原子時計は
さらに精度が高くなると考えられています。

バンクーバーのガスタウンに設置される世界で唯一の「蒸気時計」。蒸気を動力とした時計で、15分ごとに笛が鳴ります。

Q1 原子でどうやって時間を計るの？

A セシウム原子と電波の周波数を時間の基準とします。

1955年にイギリスの国立物理学研究所(NPL)で開発された「セシウム133原子時計」は、放射能を出さないセシウム133という原子を使っています。原子には、特定の周波数の光や電波を吸収したり放出したりする性質（共鳴周波数）があり、その周波数の電波や光を受けたときだけ原子のエネルギー状態が高くなります（励起）。その周波数を基準として、1秒の長さを決めているのです。

世界初のセシウム133原子時計（1955年）。

原子時計は本当にズレることがないの？

A 3000万年に1秒程度、ズレます。

セシウム133原子が吸収するマイクロ波の振動数を利用した原子時計は、3000万年に1秒程度しかズレることがないため、現在の1秒の基準として使われています。ただし、この精度を出すには、セシウム133原子を絶対零度（－273.15 ℃）近くまで冷やすという前提条件をクリアしなければいけません。

3 時計の精度は、どれくらい高くなっているの？

A 最初の機械式時計は50秒に1秒のズレがありました。

機械式時計が開発されて正確に時を刻めるようになりましたが、それでも50秒に1秒くらいのズレがありました。その後、技術の進歩とともに精度は高くなり、振り子時計では5分に1秒程度のズレになりました。大航海時代になってマリン・クロノメーターと呼ばれる高精度時計が開発されると、8時間に1秒のズレと大幅に精度が高くなりました。

天文時計と機械式時計が並ぶプラハの時計台。

振り子時計。

マリン・クロノメーター。

★COLUMN★

3000億年に1秒しかズレない光格子時計

次世代の原子時計として世界から注目されているのは、東京大学の香取秀俊博士が2003年に開発した「光格子時計」です。光格子時計はレーザー光で作った卵のパックのような容器（光格子）のひとつひとつのくぼみに、ストロンチウム原子を1個ずつ閉じ込め、すべての原子の振動を一度に計測します。これにより3000億年に1秒のズレしか生じない時計が実現しました。日本で生まれた光格子時計は、世界の標準秒を決める基準になると期待されています。

現在、世界最大の時計台とされているのが、メッカのカアバ神殿を見下ろす直径46mの時計を備えるアブラージュ・アル・ベイト・タワーズ（メッカ／サウジアラビア）

Q

「1秒」の長さは どうやって決めているの？

1958年に開催されたブリュッセル万博のために建設された、原子を模したモニュメント「アトミウム」。現在も会場跡地のエゼル公園に残されています。
(ベルギー ブリュッセル／写真:Mistervlad-stock.adobe.com)

A
原子の振動が基準になっています。

1秒の長さは、セシウム133の原子が特定のマイクロ波を吸収したときに91億9263万1770回振動する時間と定義されています。

物質の最小単位「原子」が、「1秒」の基準となっています。

セシウム133という原子の性質を利用した原子時計により、
「1秒」の長さは決まっています。
「1秒」の基準になっているのは、
世界中に存在している数百もの高精度な原子時計です。
そのなかで、日本の原子時計も重要な役割を果たしています。

Q1 世界の1秒はどこで決めているの?

A 世界70か国以上に設置されている
約500以上の原子時計で決めています。

世界の1秒は、国際度量衡局（BIPM）が決めた「国際原子時（TAI：Temps Atomique International）」で定義されています。TAIは世界70か国以上に設置されている約500個の原子時計の平均から決められます。

建物のなかから見たオルセー美術館の大時計。パリの街並みを時計越しに見ることができる珍しいスポットです。

1秒を決める原子時計は日本にもあるの？

A 情報通信研究機構(NICT)に、
18台のセシウム原子時計があります。

情報通信技術の研究開発を行なう日本唯一の公的研究機関であるNICTは、18台のセシウム原子時計と4台の水素メーザ（水素原子を使った非常に高性能な原子時計）により「日本標準時」を作ると同時に、TAIにも加わっています。

高知県安芸市の「野良時計」。明治の中頃、地主の畠中源馬が時計組み立ての技術を独学で学び、歯車から分銅まですべて手づくりで完成させた時計台です。

③ 原子時計が実用化されたのはいつ？

A 1958年1月1日0時です。

国際原子時（TAI）は1958年1月1日0時からスタートしましたが、原子時計が「秒」の基準になったのは1967年です。それより以前は「1秒は、平均太陽日の86400分の1」というように天文時を基準にしていましたが、地球の自転速度など、天体の動きは一定ではないので、より正確な原子時計が基準として用いられるようになりました。

★COLUMN★

電波時計の時間はNICTが提供

NICTの原子時計が決めた日本標準時は、標準電波（JJY）という長波帯電波によって日本全国に供給されています。一般家庭でも使われている電波時計はこの電波を受信しているので、正しい時刻を表示することができるのです。標準電波による時刻合わせが行なわれているのは電波時計だけでなく、家電製品やカメラ、車載機器に内蔵された時計、計測器や通信機器などの基準としても幅広く応用されています。

Q

時間が定義に使われている単位ってある?

距離の定義を決めるのも、また、時間です。

A
「m」がそうです。

1mは「2億9979万2458分の1秒の間に光が真空中を進む距離」と定義されています。

一瞬よりも短い時間から宇宙レベルのはてしない時間まで。

私たちが日常のなかで意識できるのは、
「秒」「分」「時間」「日」「月」「年」といった
時間の単位にすぎませんが、
スケールや専門分野によっては、
これらとはまったく異なる時間の単位が用いられています。

Q 一般にあまり聞かない時間の単位を教えて！

A 専門分野によって独自の単位があります。

1秒よりも短い時間は、「ナノ秒」「ピコ秒」「フェムト秒」というように桁が増えるごとに異なる単位が存在します。また、原子核物理学特有の「シェイク」、電気工学特有の「ジフィ」など、特定の事象や周期を計測するときに用いる単位もあります。長い時間になると、天体の動きや暦と関連した単位が使われます。

専門分野特有の時間の単位	
ジフィ	電子工学では交流電源の1周期、物理学では光が特定の距離を移動する時間として定義されている
シェイク	核爆発のときに起こる時間計測に用いる（10ナノ秒）
TU（Time Unit）	電子工学で用いる（1024マイクロ秒）

長い時間を表す時間の単位	
フォートナイト	2週間（半月）
四半期	3か月（1年の1/4）
セメスター	18週間（2学期制の学校の1学期分）
恒星年	365日06時間09分09.765秒（地球の公転周期）
ミレニアム	1000年
銀河年	約２億5000万年（銀河系の公転周期）
アイオーン（AE）	10億年（地球の年齢は4.6AE）

② 時間の単位である秒にも、「ミリ」や「キロ」をつけられる？

A 「SI接頭語」をつけて表現することができます。

「秒」のみを基本単位として、十進数での世界共通の単位系（国際単位系：SI）である「センチ」「キロ」「メガ」などを秒につけて、時刻を十進数で表現します。秒の前につけるSI単位を「SI接頭語」と呼びます。秒は60進数なので、秒に適応すると、分では割り切れない数値になってしまいます。

1秒より短い時間の単位	
ミリ秒	1×10マイナス3乗秒
マイクロ秒	1×10マイナス6乗秒
ナノ秒	1×10マイナス9乗秒
ピコ秒	1×10マイナス12乗秒
フェムト秒	1×10マイナス15乗秒
アト秒	1×10マイナス18乗秒
ゼプト秒	1×10マイナス21乗秒
ヨクト秒	1×10マイナス24乗秒

1秒より長い時間の単位				
単位	秒	分	時間	日
デカ秒	10	0.166		
ヘクト秒	100	1.666		
キロ秒	1000	16.666		
メガ秒	1,000,000	16,666.666	277.777	11.574
ギガ秒	1,000,000,000	16,666,666.666	277,777.777	11,574.074

③ 光年って、どれくらいの時間？

A 光年は長さの単位です。

「年」という文字が使われている「光年」は、「はてしない」というイメージもありますが、時間ではなく長さの単位です。光年は、光がユリウス年（365.25日）を通過する長さを指し、1光年は約9.5兆kmです。主に天文学において、銀河や恒星までの距離を表すのに使われます。

地球からは最も明るく見える恒星シリウス。地球からシリウスまでの距離は8.6光年です。

Q 時間に終わりはあるの?

線路の終着点。その先には果てしない砂漠が続きます。（ナミビア）

A 永遠に存在するかどうかは、わかりません。

時間や宇宙に終わりがあっても永遠に失われないものがある。

宇宙の誕生とともに生まれた時間は、
宇宙の終焉がやってくるときに、
一緒になくなってしまうかもしれません。
しかし、物理的な時間とは関係なく、
いつまでも変わらず存在するものもあるかもしれません。

Q1 1日の長さは今後どうなる?

A どんどん長くなると考えられています。

地球の自転速度は一定ではないため、1日の長さは変化しています。しかも、地球の自転速度はだんだん遅くなっています。地球が誕生した約46億年前の地球の自転周期(1日の長さ)は5時間程度だったと考えられています。このペースで自転速度が遅くなると、1億8000万年後には1日は25時間くらいになると予測できます。ただし、地球の自転速度の変化は一定ではないので、未来の1日の長さを予測するのは困難です。

地球の自転速度が遅くなるほど、
1日の長さは長くなります。

Q2 極限までエントロピーが増大したら何が起こるの？

A 「熱的死」を迎えると考えられています。

宇宙のエントロピーが極限まで増大すると、熱的に何も変化が起きない「熱的死」と呼ばれる死んだような状態になると考えられます。しかし、宇宙が熱的死を迎えたとしても、相対性理論による時空がなくなることはなく、したがって時間も続くと考えることができます。

Q3 宇宙が終わるとしたら、どうなるの？

A 膨張から一転して収縮していくという説があります。

ビッグバンをきっかけに誕生した宇宙は、現在も膨張し続けています。宇宙の未来については、このまま永遠に膨張し続ける可能性と、どこかの時点で膨張から収縮に転じて一点に収束して消えてしまう可能性があります。膨張を続けるか収縮に転じるかは、宇宙の膨張を加速させているダークエネルギー次第だといわれていますが、ダークエネルギーはまだまだ謎の多い存在です。

満天の星が輝く天の川。この星の輝きははるか昔に発せられたものです。（リトアニア）

Q4 「永遠」って、どんな風に定義されているの？

A 時間的な制限がなく、いつまでも続くことです。

時間が続く限り生命は受け継がれていきます。

時間とは、時のある一点から別の一点までの間を指す概念なので、そもそも時間は有限なものです。そのような物理的時間を超越して、いつまでも変わらずに存在することを「永遠」と呼んでいます。

時間を感じる風景

悠久の時間が経過するなかで、浸食や風化などによって地表面が削り取られることで生まれた奇観の数々。その場に立ったとき、我々が生きている時代は地球の歴史においてほんの一瞬であることを実感します。

モニュメントバレー（アメリカ）

風と雨、そして温度が持つ自然の偉大な力によって浸食され、5000万年の時代を経て形成された、高さ300mの台地が林立するアメリカならではの奇観です。

アンテロープキャニオン（アメリカ）

グランド・キャニオンと同様に、コロラド川の鉄砲水に浸食されることで形成された幻想的な風景です。波のような岩の間から、幻想的な陽光が降り注ぎます。

イグアスの滝（ブラジル、アルゼンチン）

ブラジルとアルゼンチンの国境に位置する世界三大瀑布のひとつ。最大落差約80mで、毎秒65,000tにおよぶ水の浸食によって、現在も上流へ上流へと滝は移動しています。

リーセフィヨルド（ノルウェー）

3億5000万年以上前の花崗岩が氷河によって削られて形成されたリーセフィヨルド。とくに巨大な一枚岩であるプレーケストーレンからの絶景が有名です。

ヴェネツィア天文時計（ヴェネツィア／イタリア）

時間に終わりはあるのか、
それとも永遠なのか——。
時間の謎の解明はまだまだ続く。

★主な参考文献（順不同）

<書籍>
・『ニュートン別冊　時間とは何か　改訂版第２版　物理学でせまる！時間の正体　脳科学で考える１日を最大限に生かす時間術』（ニュートンプレス）
・『ニュートン別冊　ゼロからわかる相対性理論』（ニュートンプレス）
・『ニュートン式超図解　最強に面白い‼　相対性理論』（ニュートンプレス）
・『ニュートン式超図解　最強に面白い‼　時間』（ニュートンプレス）
・『時間とは何か』池内了（講談社）

< WEB サイト>
・キヤノン
・THE SEIKO MUSEUM GINZA セイコーミュージアム
・シチズンウオッチ　オフィシャルサイト
・Honda Kids（キッズ）—本田技研工業
・日経サイエンス
・ナショナルジオグラフィック
・Nature ダイジェスト
・暦生活
・算数用語集
・ナゾロジー
・★キッズタイム★
・こだわりアカデミー
・コカネット
・日本時計協会（JCWA）
・国立天文台暦計算室
・国立研究開発法人情報通信研究機構（NICT）
・気象庁
・宇宙航空研究開発機構（JAXA）
・日本心理学会
・日本基礎心理学会
・計算基礎科学連携拠点（JICFuS）
・宇宙科学研究所キッズサイト
・日本物理学会誌
・理化学研究所
・高純度化学研究所
・東京大学
・東京都市大学
・Zeptosecond birth time delay in molecular photoionization.
・偏光計測で探る宇宙の誕生

[監修者紹介]

★原田知広(はらだ・ともひろ)

立教大学理学部教授。京都大学博士(理学)。1971年山形県生まれ。1999年京都大学大学院理学研究科物理学・宇宙物理学専攻博士後期課程修了。その後、京都大学理学部および早稲田大学理工学部にて日本学術振興会特別研究員(PD)、ロンドン大学クインメアリ校研究助手(日本学術振興会海外特別研究員)、京都大学大学院理学研究科講師(研究機関研究員)、立教大学理学部講師、同准教授を経て現職。専門は一般相対性理論·宇宙物理学·宇宙論。著書に『マンガでわかる熱力学』(オーム社)、『宇宙まるごとQ&A』(理工図書)、監修に『Newton大図鑑シリーズ 時間大図鑑』(ニュートンプレス) などがある。

★匠 英一(たくみ・えいいち)

(有)認知科学研究所所長、日本ビジネス心理学会副会長。デジタルハリウッド大学元教授。和歌山市生まれ。東京大学大学院教育学研究科を経て東京大学医学部研究生修了。90年(株)認知科学研究所を設立・代表取締役に就任。東大医学部公衆衛生研究室にてコンピュータ・ストレスと創造性の研究を行い、その成果を事業化。それ以後アップル社や住友3M社などのコンサル、労働省のIT資格試験の受託開発、大手資格会社のレーザディスク活用による教育コンテンツ事業で企画・監修など手がける。主な著書に『ビジネス心理学』(経団連出版)、『男心・女心の本音がわかる 恋愛心理学』(ナツメ社)、『ど素人でもわかる心理学の本』(翔泳社)などほか50冊。

ストラホフ修道院の図書館(チェコ プラハ)

世界でいちばん素敵な

時間の教室

2023年11月15日　第1刷発行

監修　原田知広、匠英一
執筆協力　牛島美笛
編集　ロム・インターナショナル
写真協力　アフロ、Adobe Stock
装丁　公平恵美
本文DTP　デザインコンビビア/沢田寛子

発行人　塩見正孝
編集人　神浦高志
販売営業　小川仙丈
中村崇
神浦絢子

印刷・製本　図書印刷株式会社

発行　株式会社三才ブックス
〒101-0041
東京都千代田区神田須田町2-6-5 OS'85ビル 3F
TEL：03-3255-7995
FAX：03-5298-3520
http://www.sansaibooks.co.jp/
mail：info@sansaibooks.co.jp

facebook　https://www.facebook.com/yozora.kyoshitsu/
X(旧Twitter)　https://twitter.com/hoshi_kyoshitsu
Instagram　https://www.instagram.com/suteki_na_kyoshitsu/